总有人喜欢你的奇奇怪怪

原来是柒公子 著

中国水利水电出版社
www.waterpub.com.cn
·北京·

柒 公 子 语 录

1 越长大越发现，很多事都是需要时间的。

想去的地方，想解锁的技能，想要的生活，

并不会马上就能得到，

只要保持努力，其他的交给时间就好了。

2

我爱云，难道叫云飘下来抱着我吗？

我爱海，难道我要跳进海里？

我爱一朵花，不一定要把它采摘下来。

我爱风，难道叫风停下，让我闻一闻？

爱一个人，不一定需要他整辈子跟着你。

人可能并不一定需要一段长久的恋爱，

但需要恋爱感，做一个万物皆可诗的女孩。

3　　越是美好的东西越容易稍纵即逝。

　　　　所有美好的事物都是有限定日期的。

　　　　我很喜欢"限定"这个词，限定的季节、限定的商品……

　　　　正是因为限定，错过了就不会再有。

　　　　正是因为限定，我们才要更加珍惜。

　　　　正是因为好看的容颜、特别的物件和一时冲动的占有最容易成为过期，

　　　　所以，请在保质期内使用。

4 能够一个人坦然度过漫长岁月的人，

大抵都有自己的一个小小世界，

或者说，

会给自己找一个小小世界。

5

也许你现在仍然是一个人下班，

一个人乘地铁，一个人上楼，一个人吃饭，一个人睡觉，一个人发呆……

但不要觉得没有某一个人的日子就没有爱和温暖。

其实还是有很多人喜欢你的啊。

你的家人、你的朋友、你的同事，他们每一个人都在用自己的方式喜欢你。

6　　人总要先成为完整的自己，才有资格去成为爱人。

　　有能力爱自己，才有余力爱别人。

　　爱自己才是终身浪漫。

7　可能很多人都有类似的感受，

一个曾经那样喜欢过的人，

后来竟然也会变得没那么特殊了。

8

一个姑娘最酷的时候，

就是只要知道了一段感情已经死去，

可以马上干干脆脆说再见，

可以立刻潇潇洒洒地大步向前。

9 生而为女孩，

　　长大不是为了嫁给陌生人终此一生，

　　也不是只能成为男性的附属品，

　　而是要有勇气、有能力选择和主宰自己的未来，

　　活出"我就是女孩"的魄力。

10

开心的时候要大饱口福，

不开心的时候也要用食物温暖自己。

胃里满满的，心也会跟着变热。

那些一人食的日子不过是在治愈孤独，

培养着给予自己幸福的能力。

11

虽然人总要长大的，

但有人愿意把你当作小朋友一样去爱，

是一种奢侈的幸福。

遇到真正爱你的人，

会感觉全世界就我没长大啊。

有的时候我会有很多奇奇怪怪的想法和行为。

比如上学的时候，透过教室的窗户看到外面的天空是蓝色的，像极了大海的颜色。那一瞬间我在想：外面的世界是不是已经被大海淹没了，趴在阳台上会不会看到一群鲸鱼？

又比如今天在回家的路上，突然想成为一只偶尔扑棱翅膀的鸵鸟，这样遇到事情我可以把头埋进土里，逃避所有烦心的事。

我经常从办公室的窗子往外望，思考着人类在凝视高楼的时候都在想什么？这一格格规律的方寸之间，人类都在做什么呢？

我喜欢在固定的时间，坐在公交车的最后一排，看着窗外的风景和行人，耳机里放着最喜欢的歌……这个习惯到底是什么时候开始的呢？

大概是在南京生活的这几年，每一次搬家的时候，我都会选择离城区远一点的地方。

特别是在夏天，坐着公交车回家，路旁隔江望去的是一条依山而建的公路，还有一大片一大片颤动着的绿色。

我喜欢一边吹着风一边望着对面的青山，在与时间的相处里，那些糟糕的不安的事情也就自然而然地消散了。

其实我并不喜欢大城市里的车水马龙、灯红酒绿、人声喧嚣，一直都向往田园生活。当然，不是真的在农村种田，而是喜欢清静，喜欢花草树木，以及属于自己的院子。

我还是会被炎热的天气击败，会被夜晚的蚊虫弄得烦躁，更抵挡不住劳作的辛苦和繁华世界的吸引……所以，我没有办法像电影《小森林》里的女主角市子那样甘于平淡生活。

市子为了研究户外种植番茄的方法，要每天戴着草帽在阳光下一株一株、一片一片翻查菜叶，防止被虫啃食。

等番茄长出来之后，脖子上挂着白毛巾的市子仰起满头大汗的额头，大口咬着番茄肉，也是因为这个镜头，我每年夏天都会雷打不动的重温一遍《小森林》。

我时常感觉自己和市子很像，又感觉番茄和自己很像。

蔬菜不是蔬菜，水果不是水果，一个基本不大会有人讨厌的奇怪存在。

但又很少有人会特别喜欢，不像车厘子，也不像草莓。

我总是会幻想如果将来碰到一个喜欢我的人，希望他能够在睡前和我聊天，听我分享奇奇怪怪的想法，跟我一起畅想未来。

奇怪的是，我到现在还不清楚我到底要变成什么样子才会被人喜欢。

所以我努力想让自己变得更有趣一点，觉得这样就会吸引和我一样奇奇怪怪且有趣的人。

但其实，大部分人听过最多的话就是"你要变得更好看一点、你要更优秀一点、你要更脚踏实地一点……这样才会有人喜欢你"，却很少有人提醒你"你看啊，你真的好特别""你太有趣了吧""和你在一起真开心""我喜欢你，就是你现在的样子"……

是啊，我喜欢你，无论现在你有多奇怪，我都接受。

就算你长痘，我也会喜欢你啊。就算你嫌弃自己胖，我还是觉得你很可爱啊。

每个人都是不同且独特的，就像食物也有千千万万种。

只是你永远不知道自己有多特别，但总有人喜欢你的奇奇怪怪。

原来是梁公子

2021年3月写于南京

唯 愿 此 书 能 在 某 个 时 刻 温 暖 你

目录

○

第一章

二十几岁的眼睛是用来看世界的

第二章

人不一定需要恋爱，但需要恋爱感

第三章

酷到睥睨天下，柔到普度众生

第四章

无聊的时候，不如去贩卖可爱

第五章

祝这世界继续热闹，祝我依然是我

第一章

◆
○

二十几岁的眼睛是用来看世界的

别错过天空和日落

昨天是春分，天气格外好。

早上6点多，天已经很亮了。我发现南方的春天晚上特别短，早上又特别长。

我在早上天气刚热的时候踏上了去往城市另一端的车，车窗外的天空悄悄地变成了蓝白蓝白的。

有时候就希望自己一直在路上，但久了发现，还是需要停下来，看一下身边的人和事，看一看天空。

于是我中途下了车，躺在公园的草坪上，看着蔚蓝的天空，白云变换着形状飘来飘去，突然有种拉过一床云朵盖在身上的冲动。

如果说风是春天的信差，昨天的天空就是一封浅蓝色的情书了。想起大二那会儿看的电影《恋空》中女主角美嘉用手机拍下那张飞机云的情节。

弘树（男主角）对美嘉说："那就用手机拍下来吧，作为我们一起迎接早晨的纪念。"

所以，我想此时和我一样抬头仰望这一片天空的人，一定和我有着特别的缘分吧。

我有时候在想，天空明明空无一物，为什么很多人总喜欢看着它发呆。后来发现，因为天空总给我一种开阔、开放、无限可能的感觉。

每次仰望天空，我总会收获许多感动。

它那么无边无际，仿佛你所有的小情绪丢进这片宽广里都会化作一缕清风飘走。

它又是那么变幻多姿，就像这个世界的神奇，等着我去体验、去经历、去感受。

有时我也会忧伤，会不会有可能下一秒陨石就撞击地球，我们都要灭绝了，人类是多么渺小……

所以作为亿万颗星星中的一颗，我要用力发光，才不枉费来地球一趟。

我很喜欢北岛的那句诗：玻璃晴朗，橘子辉煌。

前几天，一个人在办公室加班，从晒不到阳光的大厦走出来，下意识抬头看到了远处的天空。

天空干净无瑕，阳光打到了我在的这幢楼，又反射到对面的大厦。大厦顿时像是被染色一般，天空如同玻璃般晴朗，阳光好像橘子般辉煌。

我一下就愣住了，大约有几秒的出神，那种感觉就像独自一人在现实的泥沼里摸爬滚打许久。但突然发现有个地方，在那里你所谓的现实烦恼不值一提。

生活就是这样，会让你尝尽人世间各种味道。碰到美好的事，生活就是甜的，碰到不如意的事，生活就是苦的。

其实太阳是慢慢、慢慢地落山的。

小时候我喜欢和伙伴们蹲在河边玩过家家，一玩就是一下午。

待到太阳慢慢落下去的时候，就会听见各自的父母站在桥上大喊着我们的名字，催我们回去吃饭。

那会儿我可不喜欢看见太阳落下来，在我心里它意味着一天又要结束了，可我还没有玩尽兴呢。

有的季节太阳落得很快，刚到家转身便发现天已经黑了，我总有种被时间追着跑的感觉。

当时我就在想，太阳为什么一定要落下来呢，要是能够一直亮着该多好。

我很喜欢这间朝阳的老房子。

有时我坐在桌前专注工作，落日余晖悄悄爬到了我的指尖上，然后我抬头看看窗外的夕阳，倦意全无。

于是，我那内存不大的手机里塞满了落日的照片。

有的照片隐藏了我的心事，有的照片盛满了我对一个人的想念，有的照片记录了那天的心情。

偶尔我会伸出右手，企图将一天中最温柔的那一束光攥在手心，然后感谢自然的馈赠。

夜幕降临，慵懒地在街上走过不知多少遍。

其实与其仓皇追赶日落，不如静待满天繁星。

一个人走，如同去年中秋只身一人在凤凰古城那般！

散步回客栈的路上，抬头看星星，我的诀窍是用手把视野范围内的霓虹灯光遮挡起来，这样有些弱小光芒的星星才可以被肉眼看见。

那天，我一个人抬着头看了好久的天空。

我想，要是某天到了西藏，我就在布达拉宫里捧着酥油茶发呆半天。然后抬头就能看见不一样的蓝天，悄悄说很多心愿。

不过，我也没有什么心愿，能够看看天空就已经很好了。

时光很匆忙，别错过天空和日落。

开窗能碰到云吗

人类在凝视高楼的时候都在想什么呢？

从办公室的窗子往外望，对面的高楼被自己办公的这栋大厦挡住了大半，只能看到高高的楼角。

我经常望着窗外发呆，那栋楼顶端笔直的几何线条在蓝色天空的背景色下像是一幅画。

喜欢把镜头对准高楼，在这些庞然大物的映衬下，人类显得十分渺小，一种奇异的感受在不同时刻、不同地点相似地向我涌来。

好像在不同的高度，都有不同的故事在上演。

这一格格规律的方寸之间，人类都在做什么呢？疲于奔命还是惬意享受？开窗能碰到云吗？

上海黄浦江边有一座高楼叫震旦大厦，每次去外滩都能看见"震旦"这两个硕大通红的字矗立在一百多米的高空。

　　小时候去外滩的时候总会想象，在这种高档办公楼顶端坐着的都是些什么层次的人呢？是不是办公室的落地窗外就是黄浦江，整个陆家嘴乃至上海的景观都尽收眼底？是不是从地下车库的豪车里下来走两步就踏上专门设计的独立电梯直达顶层，每天不用朝九晚五，而是通勤随心所欲？是不是都像电影《小时代》里的宫洺一样，每天摆着冷酷又棱角分明的脸，连喝水的杯子都要整齐地排列一柜子……

　　长大后因为工作需要，外滩边这些小时候觉得遥不可及的建筑——震旦大厦、金茂大厦、上海会议中心……都一一登顶。

　　种种猜测逐一破灭，这里没有宫洺，也没有放名牌杯子的柜子，到处是忙忙碌碌赶电梯的上班族，除了景观和我想象中一样美之外，没有一样是我猜的。

　　但我还是看到高楼就喜欢幻想。从南京到香港，不管去哪个城市我都想去拍一拍那些高耸入云的建筑。那些高楼的顶端成了我天马行空的目的地，我不一定去，但在心里一定去了千千万万遍。

　　再后来，我的镜头从那些精巧出名的建筑慢慢拉回了身边。七层楼的老式居民小区，住户密密麻麻的小高层回迁楼，或者是商住两用的CBD，我都住过、拍摄过。也正是这些经历和照片让我有了一些人生阅历，也让我记住了一些选择房子的小技巧：比如那些看起来高大上的高层公寓往往面临着电梯不够用的问题，如果不是腿力矫健能应付三十几层的楼梯，那上下班高峰期挤不上电梯的痛苦不亚于挤不上地铁的痛苦。

还有去大城市旅行，住市中心CBD的民宿往往是比住酒店更加明智的选择。

出门就是繁华地段，打开窗就能看见高楼林立的市中心，夜晚站在阳台上也能见证整个都市从热烈慢慢转为安静的过程。但我觉得住着最舒适的还是那些六七层的老式小区。不知道是不是因为从小就在这样的楼房里长大，我天生对这种充满生活气息的建筑有好感。看到那些从窗台里伸出来的长长短短的晒衣杆，以及厨房外头晾晒的星星点点的红辣椒，会让我感觉回到了家。

我虽然理科很差，却对高楼建筑里的几何图形情有独钟。

笔直的楼角在天空中画出的三角形，玻璃外墙的切面在夕阳下反射大自然的光辉，旋转楼梯把空间分割成无数个多边形。

几何图形表达着人类向自然延伸的欲望。

拍摄高楼现在对我来说好像是一种条件反射，看见线条笔直的建筑我就会有按下快门的冲动。

这些冰冷理性的建筑，却能给人类各种情绪体验，真的是很神奇的事。

压抑、憧憬、惊艳、幻想、崇拜……建筑给人带来的感受，只有镜头对准它的那一刻，你才能感受到。

雨瘾者

我想我的世界还是需要那么一点任性的。

我知道这样不对，但是我喜欢。

比如和所有人抢先这城市的夏天，要先吃那个甜甜的冰激凌；比如明明有了感冒的预兆，还是忍不住喝了两杯冰奶茶；比如其他人都以为你扛不住的时候，我偏偏挤出了一个笑；比如明明知道和某个人没什么结果，还是忍不住接近……

再比如下雨天，故意不打伞，雨水从额头上滑下来掉到我的衣服和手臂上，迎着路灯的微光去踩反着亮的小水洼……

奇妙的是，手机里循环播放着同一首歌，不会跳舞的我会挥舞着伞柄在黑夜里瞎摇摆……

我很喜欢这种下雨天漫步的体验，也喜欢躺在被窝里听雨的声音，总之喜欢下雨天的一切。

自己到底从何时这么痴迷雨天的呢?

我也迷迷糊糊,只是知道自己无数次的坏心情都能在雨天得以摆脱。

雨可以让我静下来,躲在只有自己的小宇宙,不用想那么多,抱着陪我入睡的毛绒玩偶,对它说说滑稽的语言。

如果这时候再听上一首慢歌,就更有感觉了,脑子里可以胡思乱想,想笑就笑,想哭就哭。

也可以开一会儿窗户把潮湿的雨气放进来,然后读一本喜欢的书,就是一个完美的夜晚。

那日,读张爱玲的《小团圆》,"宁愿天天下雨,以为你是因为雨天而不来"。

读到这,我合起了书,踱步到了窗边,淅淅沥沥的,便是我魂牵梦萦的雨天。

我想这一切用一句话来形容我再合适不过了:雨天似一场暗恋,我一个人的兵荒马乱。

曾经听过一个英文单词叫"Pluviophile",中文翻译是"雨瘾者"。顾名思义,是爱雨之人的意思。

我查了一下,之所以会对雨上瘾,主要是因为雨声是白噪声。

白噪声的频谱包含所有频率分量且分布均匀,会对其他频谱分量起到遮蔽的作用。

也就是雨声帮你屏蔽了外界的干扰，所以你会觉得下雨的时候很踏实，做什么事都很惬意。

海浪拍打岩石的声音，风吹过树叶的声音都是白噪声，这些声音都可以说是一种和谐的治疗声音，是一种会让人上瘾的声音。

我第一次跟人坦露自己是一名雨瘾者是在大学毕业后的第一年。

对象是前男友，只是电话聊天的时候云淡风轻地跟他提了一句，我喜欢听下雨的声音。

后来有一天，我跟他说，今天下雨了。

他说："你不是喜欢听雨吗？"

我才知道他真的有听到心里。

后来他去了国外继续读书，几乎天天跟我说，今天外面又下雨了，很不舒服，鬼天气。

我竟然惊讶得不得了，我很遗憾下雨没有能够给他带去宁静和欢乐感。

后来在一个下雨天我们分手了。

说实在的下雨真的很有好处，嘴巴扯起来，看不到眼泪，谁都会以为你是在笑。

有一天，我仔细分析了他为什么会和我分手，我坚定地认为，是他在情侣关系中没有我努力。

他说，异地是一个非常重要的原因，另一个原因就是，两个人舒适区不一样。

现在想起来，对下雨截然不同的感受和态度，就是一个例证。

无论如何，在那之后我坚定地相信，听雨是一个很私人的爱好，不能随便让别人知道了。

除非我先知道，他也喜欢下雨。

那天，雨下得很大。

我总是喜欢在雨下得很大的时候出门，因为这时候街上的人最少。

不知道是巧合还是其他原因，每次我看见他的时候，天都会下雨。

"他似乎格外喜欢下雨天。"我看着已经是第四次雨天出现在街对面书店门口的那个男孩想着。

现在是下午 18：56，他撑着一把黑色的雨伞，独自从书店慢慢走出来。

我曾观察过这座城市的很多场雨，这还是第一次观察雨中的人。

昏黄的路灯灯光打在他脸上，银丝般的雨落了下来，滴在他的雨伞上，又折射出动人的光，倒是像今晚没有出现的星星一样撒在他的肩上。

雨渐渐地下得大了，他却丝毫没受影响的样子。

忽而抬头看着夜幕出神，微微扬起的侧脸线条流畅，柔软的光包裹着他玉一样的脸庞，清冷却温和。

忽而转眸看着街上匆忙回家的行人，像是被雨水浸湿的黑瞳雾蒙蒙的，叫人琢磨不透他内心的想法。

后来他下雨天来的次数越来越多，我渐渐习惯了这一场景。

偶尔我还会捧着一杯热牛奶，坐在书店靠近玻璃窗的位置，偷偷看他离开。

但他一次也没有回头看过我。

我们最接近的时候，是在同一片屋檐下躲雨，我跟他的距离只有20厘米的间隔。

两个人，没有说话，不知道我们之间的沉默何时会打破，就像不知道这雨什么时候会停。

就这样沉默很久。

后来有朋友过来送伞，撑开伞的时候，我回头望他："要不要跟我一起走？"

其实问出这话的时候心里是有答案的，只是不知为何还是想问。

意料之中，他谢绝了。

两个人都扯着嘴角笑得很不自然，我只好和朋友撑着伞走进了雨中。

我无数次想起那晚我回头看见那个为他撑伞的女孩，看着他俩并肩离去的背影，我才发现，原来我的心里早就住进了一个人。

自此之后，我变成一个很小心的人。

不管天气如何，每天出门我都会带上一把伞。

因为我永远不知道什么时候下雨，什么时候天晴。

我一直相信能够一起躲过雨的男女应该相恋。

现在我有了伞，当然不再有避雨的机会。

想念是一场大雨，失眠是恰好忘了带伞。

我明明想说想你，却在脱口而出的时候，说成了外面下雨了。

心情不好的时候就去跑步吧

♦
◊

心情不好的时候就去跑步吧，三千米专治各种不爽，五千米专治各种内伤，十千米跑完，内心全是坦荡与善良。

我拿着手机，看到这样一条短视频，顿时觉得眼前一亮。

恰巧最近我又重新喜欢上了跑步。

之所以说是重新喜欢上，是因为我小时候就很喜欢跑步，还代表学校参加过区运动会。

不过后来因为学业和工作，渐渐就落下了。

这段时间又"重操旧业"，每天回家，都会花半小时在跑步机上挥汗如雨。

我很喜欢跑步时的状态。

一起一伏呼吸间节奏变化，小腿肌肉隐隐传出酸痛……

比起蜷缩在电脑前敲敲打打，会恍然觉得自己浑身上下充满能量，朝气蓬勃。

不必再去关心任何事情，只需专注于自己的脚步和汗水。

那种目标明确、内心坚定的感觉，让我觉得很踏实。

回想起来，我过往的这二十几年，很多印象深刻的人和事，都是伴随着奔跑的。

高三那年的下半学期，我经常在晚自习结束后一个人去操场跑步。

后来偶然遇到隔壁班一个男生，慢慢地开始一起跑步，每晚按时去操场成为我们心照不宣的约定。

我能感觉到彼此间朦胧的好感，但因为高考在即，大家都默契地没有多说什么。

只是在我体力不支的时候，他会拉起我的手，一边跑一边说："就剩半圈了，加油啊。"

高考结束之后，他去了墨尔本，我则留在国内读大学。

临别的时候，他送给我一双36.5码的跑鞋。

我记得曾经和他抱怨过自己的脚，总是买不到合适的鞋子，36码嫌小，37码又嫌大。

没想到我无意中说的话，他竟然记在了心上。

连同那双跑鞋在一起的，还有一封手写的信。

他说，希望这双鞋子可以陪着你，跑去更远的地方。

后来的日子里，我们远隔重洋，生活不再有交集。但是那双鞋子和那封信，我一直保存了很久。

被人在乎的感觉蛮好的，多年以后的我，每每看到那双已经很旧的跑鞋，心里也仍会觉得温暖，舍不得丢掉它。

当我感觉很累，想要放弃的时候，回想起那些鼓励的话，就觉得自己还可以再坚持一下。

电影《重庆森林》里，由金城武扮演的角色何志武说："我失恋的时候要去跑步，因为跑步能够把我体内多余的水分蒸发掉，那样比较不容易流泪。"

于是在25岁生日的清晨，他离开了单恋的女逃犯，在这一重大时刻去跑步。

他的call机收到了对方的生日祝福，记忆虽然不会过期，至少那一刻的他是释然的。

两年前我也有过一段难熬的日子，异地恋的男友劈腿，工作也遇到了一些麻烦，整个人丧到不行。

于是我给自己定下"100天跑步治愈计划"，希望可以转移注意力。

幸运的是，坚持跑步一个月之后，我就恢复到元气满满的状态，并且换了一份新工作。

大概对我来说，跑步就是这样一种有着非凡治愈力的运动吧。

一个人跑很远的路，起风的时候觉得自己像一片落叶，无忧无虑地飘向远方。

而当你跑得足够远，很多执念就会自动消散。

毕竟这么长的路都过来了，还有什么坎儿过不去呢。

村上春树在《当我谈跑步时我谈些什么》中写道："啤酒诚然好喝，却远不似我在奔跑时，热切向往的那般美妙。"

书里记录了他关于跑步的种种心路历程，字字句句，像是在用奔跑告白整个世界。

村上春树笔下的自己，是一个透过专注奔跑，一点一滴超越自我的奋斗者，也是一个只能借助穷尽体力奔跑，才能排除内心重负的孤独者。

印象最深的是他提出的"跑者蓝调"概念，意思是人在奔跑超过一定的里程后，身心会出现疲惫感，导致厌跑情绪。

那种怅然若失的懈怠，和难以说清的倦意，就是"蓝调"。

那么如何度过这样的"蓝调"期呢，村上春树也在书里给出了自己的答案。

他说自己只是默默地等，熬过那些不振的日子，等想跑的愿望暗暗萌芽，直到某天清晨系上慢跑鞋的时候，重新听见内心"微弱的胎动"。

纵观整本书，这是最让我触动的一段文字。

　　我很能理解他说的"蓝调"期，因为很多时候，我会实实在在地感觉到那低落而忧郁的状态。

　　它不仅会出现在跑步的过程中，也会出现在生活里。

　　我们这一代人的生活，充满着压力和焦虑，面对快节奏的一切，常常会有种无力感。

　　像极了在跑过一段很远的路之后的那种倦怠。

　　你可以看到前面还有很远的路，也知道自己需要调整，但就是无法做到。

　　而这个时候，一个很好的办法，就是给自己一段时间停下来认真思考，直到真正找回正确的节奏，再重新出发。

　　一个人跑步，看上去孤独，却也能成为情绪的出口。

　　一旦跑起来，你与外界的关系就会变得很微妙。

　　不需要和任何人交谈，也没有人会来找我说话，只是一个人独处。

　　独自奔跑的时候，我可以戴着耳机沉浸在音乐里，可以调整姿态控制步速，也可以漫不经心地观察周围散步的人们，以及依偎的情侣……

　　同时，又可以凝视着周围景物的变化，阳光微风，风吹草动，不需要刻意留心，却能——感知。

　　这种既封闭又开放的状态，对我这种内向的人来说，非常减压。

有一种说法是跑完步后的独自散步是最孤独的。

对我来说，却很享受。

此刻的头脑和身体，比任何时候都更属于我自己，可以思考很多平时不太会认真思考的问题。

最重要的是，我能感觉到自己的心脏在强烈地跳动，证明我正生机勃勃地活着！

以前，我认为世界上最浪漫的事，是一个人走很远的路去看另一个人。

现在，我觉得世界上最浪漫的事，是一个人跑很远的路，去做喜欢的事情。

女孩子既要有高跟鞋，也要有跑鞋。

你距离快乐只差三级台阶

周日在家做了很多事。换洗床单、被套，把被子抱去阳台晒太阳。打扫房间，秉着"断舍离"的原则扔掉一直舍不得扔掉的东西。清空冰箱，看到最后几粒冰糖，决定做一次红烧肉。

焯水、油锅爆香、炒糖色……然后开小火慢炖。

看炉子冒出微小的火苗，我感觉自己过着简陋版的《小森林》。

不夸张地说，这比躺在床上睡一天要放松得多。

1

很奇怪，明明忙碌了一个星期，我还是有股闲不下来的劲。

收拾完屋子，看着锅里的五花肉和汤汁一起"嘟嘟嘟"，我决定下楼去超市逛一逛。

我住在老式小区的六楼，没有电梯，每天都要在一楼与六楼之间爬上爬下。

眼看着马上就能到一楼了，我心情愈发雀跃，不知怎的就一口气跳下了三层台阶。

从六楼开始我都是一步一步走下来的，突然一跃就到了平坦的地面，整个人都有点蒙。

蒙的同时有些惊喜，像是收获一种难得的快乐。

为什么这么说呢？仔细想一想，上次跳下三层台阶大概还是上小学的时候吧！现在我好像没有以前快乐了。

2

工作以后，我总是习惯一步跨两层台阶。为了赶时间，甚至要一下子跨三层。

换乘地铁的时候，发觉身旁的人总是脚步匆匆，我也不由自主地加快了脚步。

等不到电梯的时候，我总是风风火火地拉开楼道的门，三步并作两步在楼梯上与时间赛跑。

所以每当赶上地铁或者准点打卡的时候，我总会在心里感叹"今天还算幸运"。

幸运了，然后？这种短小的幸运感很快就在我拉出工位前的椅子后消失。随即投入一整天的工作当中。

3

到了下班的时间，像是得到一种解脱。

仿佛终于被允许呼吸新鲜空气。

从公司到最近的地铁站有一段说长不长，说短也不短的路。

走在路上，偶尔会看见十号线地铁在旁边的轨道上呼啸而过。

我特别喜欢那种感觉，可以说是我一天当中的又一份幸运感。

如果不出意外的话，往前走还会遇见卖小吃的摊子。

在这待了很久，我发现通常只有卖炸火腿肠、关东煮、烤冷面的三家小摊。

我也无一例外地全都光顾过。

所以从公司到地铁站的路上，我会花上很多时间。

看看风景，或者买买东西，或者想些想不明白的问题。

我很愿意把时间花费在这上面。

有次站在摊前等着老板娘递给我热乎乎的关东煮，有个男生冲了过来，险些害得我的脸砸进满是签子的锅里。

我很气愤，想冲他破口大骂，但他早就跑得不见踪影。

有必要那么赶时间吗？

我很想问他。

后来，我又经常用这句话来问自己。

可惜，我给出的答案大多都是"有必要"。

4

晚高峰的地铁间隔没有早高峰的短，经常要等个五六分钟。

当我着急赶到地铁站发现还要等上好几分钟时，却又很不开心。

好像太过重复的生活让我觉得将时间用在等待上是一种浪费。

这班地铁晚了就会影响我赶下一班，这样到家就更晚了，没时间做饭了……

当我将这些情绪告知男朋友时，他说："其实有感觉你最近压力很大噢。"

成年人的很多压力大概都在"赶时间"上。

理想、事业、感情、家庭、时间自由、身体健康、人际关系让你无法兼顾，你想要的东西太多，而你能分配的时间又太少。

每次约朋友出去吃饭，她都说工作很忙，挤不出时间。

据我所知，她的生活也真的是围绕着公司到出租屋的两点一线。

今天忙这个项目，明天忙另一个方案。

而我也并非看起来那么悠闲，坐在地铁上赶稿子是常有的事。

我永远都在赶时间，永远都觉得时间不够用，着急地想要解决所有问题，着急得到一个结果。

5

看过一本书叫《允许自己虚度时光》，其中有一篇文章《灵魂要活在童话里》，很受用。

我慢慢明白了我为什么不快乐，因为我总是期待一个结果。

看一本书期待它马上让我变深刻，吃饭游泳期待它立刻让我一斤斤瘦下来，发一条短信期待它被回复，写一个故事说一个心情期待它被关注、被安慰，参加一个活动期待换来充实丰富的经历。

这些预设的期待如果实现了，长舒一口气。

如果没实现呢？自怨自艾。

可是小时候也是同一个我，用一个下午的时间看蚂蚁搬家，等石头开花，小时候不期待结果，小时候哭笑都不打折。

是啊，小时候的快乐总是那么简单，阳光、草地和一群小伙伴，就够了。

但快乐在长大中慢慢褪色。

我时常看到有很多在大城市奋斗的人受挫后产生"回家工作"的想法。

他们把回家工作当成一种妥协，认为回去后拥有的起码是不那么辛苦的生活。

而我在想，回去后之所以没那么辛苦主要是因为自己可以有效地抓住时间了吧。

上下班不用挤地铁，骑辆"小毛驴"电动车十来分钟就能到家。

到家后就能立马享用饭桌上香喷喷的饭菜。

吃过晚饭还能出去散散步，随手拍一张夕阳发送朋友圈。

只要你不赶时间，回家就是一部没有滤镜的《小森林》。

所以快乐其实又很容易，要允许自己虚度一些时光，做些取悦自己、不求回报的小事，小快乐积累多了，就是一种大幸福。

6

最后。昨天跳台阶的快感让我异常兴奋，于是我在微博搜索相关关键字，想看看有没有人和我一样。

结果看到这样一句话："小孩只需要跳三层台阶就能获得快乐，成年人要跳八楼。"

我随手将这句话复制给正在聊天的闺蜜，她立马回复道："哈哈哈哈哈，是这样！！！！"

那四个感叹号好像也让我感受到了她最近的压力。

其实，那句话挺夸张的。

不快乐的时候啊，跳三层台阶试试吧。害怕的话，就两层。就像小时候那样。

也许，你就能听见心中石头落地的声音了。

这个世界上过得好的人，都是懂得满足，懂得自己让自己快乐的人。

乌镇白雪

🌢

乌镇下雪了。

在腊八的夜晚，乌镇的雪逐渐大了起来，茫茫梨花落，积在屋顶上、巷子角、青石板的缝隙里，黑与白相对应，此时在乌镇格外明显。

有时候就是这样，只悄悄地飘了一场雪，整个世界就变得不一样了，再抑郁的心情都变得积极向上了！

清早上乌镇，卖豆浆的小店冒着热气，带一杯豆浆，拢了拢衣襟，掸了掸身上的雪，口鼻间雾气夹杂着碎雪成团，让我想轻轻地起舞。

下雪的日子，乌镇很朦胧，也会变得很宁静，模糊的行人，只听得见踩雪的沙沙声。这声音十分有感染力，像是街边小贩的烤红薯一般温暖人心。

才下过雪被清理过的石板，踩在上面得和猫一样小心翼翼，没有太多的人流，却感觉有很多故事，在这里走着走着，总觉得会有灯火阑珊处。

长长的石板路贯穿于一间间民房和店铺，瓦片上有亮闪闪的雪，木刻门楣别具特色，斑驳的漆彩让人感受到时光的渐渐流逝。

走过一条弄堂，寂静、淳朴、惬意悄然走入心头。

长长的弄堂，窄窄的一线天，檐上的雪，被风吹落在肩头，忧愁被吹散进风里。

河道上漫起薄薄的雾气，彻夜冬雪后的湖面之上或拱或平的桥连接着乌镇的家家户户，婉约玲珑成就了不同的水乡风韵。

逢源双桥是一座别具风味的古桥。桥下有水栅栏，传说踏走双桥有男左女右的习俗，走一遍桥，须分走左右两半，因此又演绎出走此桥便可左右逢源之说。

以前很羡慕那些可以左右逢源的人，似乎所有的事情都可以面面俱到，我始终无法做到处事圆滑，有时烦恼，却又惶然。

我还是适合做一个乐得逍遥的人。

一把竹椅，泡上一盏熏豆茶，坐在靠窗的位置，静静地看这里的一草一木，一砖一瓦；有些时间就是用来挥霍的，放空自己，望着这里的雪和水发呆就好。

或是乘船感受这雪中不一样的水乡风光。

只是看看落雪白墙、浮水游人，就是一下午，一切都那么自然而然，心如止水、逍遥自在。

乘摇橹夜游西栅也是十分美好的体验，乌镇的故事全在夜色里。

西栅的夜景是许多人钟情这里的理由，晚上古镇里的桥梁和房屋都亮起灯光，目光所及之处，小镇的小桥、木屋都渐渐模糊了轮廓，慢慢地，连带着整座古镇都溶进了夜空里。

乘着小船驶在倒影里，看得见满天星辰。看得见雪落无声，看千堆雪与夜色交融，这才是想象中最美好的冬天。

那些一起过过冬天的人，大概会记得久一点。

西栅是乌镇的精华所在，街头巷尾有很多的酒吧、咖啡馆，或热情似火，或文艺小清新。

一走一过，善男信女，尽是万丈红尘的种种风情。

乌镇的冬天，腊梅花开，寒冬晴夜里的弥漫腊梅香气，再粘上一点点雪，真心觉得可爱无比。

木生出了花，花生出了雪……生出了一个风雅的乌镇。

生出了一个风雅的木心。

很多人知道木心，是因于那首《从前慢》，木心生于乌镇，乌镇原就很美，又有了木心，更令人神往。

木心美术馆在西栅，四面有湖水围绕，从入口进去，需要走过一座长长的桥。

馆内很安静，长期陈列木心作品，大厅悬挂木心先生大幅人像，旁边写着一句话——风啊、水啊、一顶桥。

很喜欢木心先生的文字和生活态度。

有时候总觉得我的处境就如同木心那首只有一句话的诗《我》："我是一个在黑暗中大雪纷飞的人啊。"

而你和我就如同乌镇和白雪、豆浆和热气、纳兰容若和宋词，恰如其分地在一起是这么美好，却又这么短暂。

什么叫恰如其分？夏天的风，冬天的雪，一生只够爱一个人。

这个世界会好吗

今天和妈妈视频通话，得知奶奶这两天感冒了。

我心头一紧，赶忙问她最近有没有出门去哪里，妈妈说不要紧，不是肺炎，就是普通的受凉感冒。

奶奶今年八十岁，身体本就不太好，在这个节骨眼上感冒，家人都很紧张。

我还是提醒妈妈，让她每天都要记得量体温，然后在家也戴口罩，因为感冒也可能传染。

挂掉视频，我一边觉得自己太过敏感，一边又担心奶奶会出现什么万一。

这段时间，大概很多人都和我一样，整个人的神经都紧绷着。

因为疫情，很多人的生活都受到了影响，当生理上的紧张延伸到精神上，焦虑、失落、迷茫这些负面情绪就成了生活的常态。

1

疫情暴发期间，每天醒来我都会接收到不同的负面信息。

而营造起这种紧张氛围的，除了电视上的新闻报道，还有发生在身边的点点滴滴。

不久前，我所在的小区发通知实行封闭式管理，所有人员出入，必须进行统一的登记和体温测量。

因为要对非本小区的人员进行管控，网上下单买的东西，业主必须自己到规定的存放点拿取。

下午我出门去取团购的蔬菜，到小区门口的时候，戴着口罩的人群已经排起了长队。

排队领取食物，这个从前只会出现在电影里的画面，如今真实地发生我身边，如果不是亲身经历，我都不相信这是真的。

事实上，我所经历的，只不过是特殊时期下生活里的一点点不方便。

远在另一座城市，几百万人此刻正经受着比这严峻百倍的日常。

早上，我在微博里看到"追殡葬车呼喊妈妈的女孩隔离"的新闻视频。女孩也是二十来岁的年龄，妈妈因为感染抢救无效去世，殡葬车远去，她跟在后面不停地喊着妈妈妈妈。

就像人们常说的那句话，你永远也不知道明天和意外哪个先来。

一两个月前多天前，都还是好好的活生生的人，有着各自平凡而珍贵的一生。

如今，因为一场突如其来的疫情，很多人再也回不到从前的生活了。

2

北野武说过："灾难并不是死了两万人这样一件事，而是死了一个人这样一件事，发生了两万次。"

看视频的时候，我不禁想到死亡率的报道，每一个数字背后，都是一个支离破碎的家庭。

作为一个写字的人，我一直都想把美好的东西分享给大家，却又在很多时候，发现自己的力量是那么渺小。

就像现在，我坐在窗前，浏览着网页上的各种信息，看着玻璃窗外黑漆漆的夜空。

内心深处有一股气郁结着，像是口渴了没有水喝。

我知道自己应该乐观一些，我也知道再过不久，这场疫情终究会结束，城市也会慢慢恢复如常。

但它注定会在人们的记忆里留下深深烙印，甚至是伤痕。

疫情过后，需要治愈的不仅是城市，还有人心。很多人，可能在往后的余生中，都无法再快乐地庆祝一个新年了。

3

2020年，本以为会是充满希望的一年，没想到竟然这么难。

记得去年看《乐队的夏天》，有一期节目，盘尼西林唱了朴树《我去2000》专辑里的一首"New Boy"。

张亚东在听完后，哽咽着说："当年大家都是小孩，而且觉得2000年要来了，那时候我们写的歌叫《我去2000》。大家对2000年都有很多期待，觉得一切都会变得很好，结果，好吧，就是我们都老了。"

这段时间想起这些话，忽然觉得感同身受。

关于2020，我们又何尝不是有过很多美好的期待呢。只是当这一年真正到来的时候，取代满满期待的，却是深深的失望和无力感。

十七年前的非典发生的时候，我还很小，也不懂事，只模糊地记得那时大家都戴着口罩上学。而这场疫情，让我认识到生命在一切意外面前其实脆弱得不堪一击。

4

也许成熟的标志之一，就是不再对一切盲目乐观。

我以前总认为这个世界很美好，人类坚不可摧，但随着年龄的增长，我发现其实无常才是人生的常态。

后来我知道一个词，叫"熵增定律"，被称为让全宇宙都绝望的定律。"熵"指的是事物的混乱和无序程度。熵增定律的意思是，一切事物都是从有序趋向无序，最后走向死亡。也就是说，如果不施加外力影响，事物永远会向着更混乱（熵增）的状态发展。

事物维持美好的状态是需要能量的，一旦停止能量供给，美好的状态就会消失。

5

疫情期间，豆瓣网友发起了一个话题讨论：疫情对你的行业或工作有什么影响。

这个话题，有将近五百万人浏览。

整体看下来，会发现，其实当下的很多人都对未来感到悲观。

但是评论区，大家又都在互相加油打气。

"撑下去、加油、坚持、奥利给……"

在熵增定律的操控下，无序和死亡注定是宇宙间一切事物的宿命。

但也别忘了，生命的意义，就在于具有抵抗熵增的能力。

晚上和朋友聊天，他忽然问我，你担心过以后吗？

我说，当然担心啊，但是，比起担心，更重要的是重拾信心，认真想好以后的路怎么走才行啊。

毕竟我们都已经算是很幸运的了。

我很喜欢的一位音乐人，曾经写过一首歌，就叫《这个世界会好吗》。

而这首歌，有一个特别版，叫"相信未来版"。

这个世界会好吗？

每天回答一遍：相信未来。

万家灯火时

一直觉得夜晚是一个城市最美的时刻。喧嚣褪去，人群沉寂，空气也寂静而沉稳。

刚毕业那会，每个晚上我都会站在阳台看这座城市。

深夜城市的光，会给人方向，给人灵感，也能给人想要的力量。

春天的晚风，会带来花香和好运。

从黄昏时分开始，就可以慢慢期待了。

那天，偶然路过我小时候待过很多年的地方，浦口老火车站。从小学到初中的9年上学时间，我每天都要从这个路口经过两次。

在铁道路口有一对卖生煎包的中年夫妻，每天清晨准时出摊，路过会闻到扑鼻的葱香。

有时候遇到火车挡道，很远就听到警铃声"叮——叮——叮"地响起。

傍晚放学，和三五个同学骑着自行车经过路口，因为铁轨很颠簸，我们就会站起来骑，但是车速一点也不减慢，整个人"噔噔噔噔"地颠过去。

那时候早上忙着去学校，下午赶着回家，从来没有认真留意过这个破旧的火车站。

多年以后，我才知道原来这个地方发生过很多故事。

比如它是《背影》里朱自清先生和父亲分别的月台，是《情深深雨濛濛》里依萍等书桓的车站，也是《金粉世家》里燕西和清秋错过的车站。

后来火车停运了，路口被铁栅栏封起来。

那天专门过去看了一场日落晚霞，才发现从前没有注意到的美。

生活就是这样，平淡的日子里，我们总是很容易忽视那些美好的细节。

太阳落山之后，万家灯火开始一盏盏开启。

坐在公交上，听着吴青峰的《起风了》，看着外面路过的崇山峻岭，感觉未来清新又充满希望。

我很喜欢公交站台边的提示牌，无论下一站车距离本站是6站还是2站，都给人以希望和期待。

每倒数一站，快乐就会增加一点，最后快乐达到最大值，满怀开心踏上准时到来的公交车。

最舒服的是周末一个人不紧不慢地散着步等车，路上的行人很少，乘客也不多。

世界突然变得很安静，适合放松，也适合思考，更适合摇摇晃晃地沉溺在无垠的夜空中，然后满心欢喜地做一个梦。

走在城市夜晚的街头，我喜欢认真观察路过的每一个人。

夜市的老板娘，会在7点准时出现，把各种小吃摆放得整整齐齐。

外卖小哥拖着长长的身影，正奔赴下一个目的地。

他们总让我想起小林薰的《深夜食堂》，夜晚的食物，其实是散着热乎气儿的人生百味。

路口的理发店，晚上开始进入高峰期。

尽职的清洁人员，在人潮退去之后，认真地清理每一处路面。

夜班出租车司机，习惯性地抽根烟，努力和他的出租车保持着绝对清醒。

正是这些普通人，为城市增添了一个个温暖的注脚。

偶然路过一家水果店，年轻的店员蹲在角落休息，站了一整天的她，应该很累了吧。

让你变优秀的那些年，一定也过得很辛苦吧。

但我相信这个世界上还有很多美好，要有勇气穿过黑暗拥抱自己，热爱生活。

以前看过一个采访，是枝裕和导演提到这样的一件事。

他说，他的电影里总会设计这样一个情节：

车辆缓缓开动，少年将头伸出车窗外，感受车子开动时空气和头发接触的奇妙。因为觉得这样很舒服，就想让电影人物感受到这种美妙。

当时就觉得是枝裕和真的太细腻了，听着这段话，光是想想画面，就能感受到自在悠然和春风似水般的温柔。

其实我也很喜欢在夜晚打车的时候，悄悄摇下车窗，感受晚风吹过的轻柔。

尤其是车辆驶入长长的隧道，风吹起柔软的头发，让人忍不住陶醉。

刚和男朋友在一起的时候，我在南，他在北。

我们每周末见面，都要穿过整座城市，公交转地铁，再打一段车，好像一路上要越过崇山峻岭。

但如今回想起来，那时候的我一点也不觉得路途遥远。

堵车的时候，我会发短信告诉他："路上太堵了，我要迟到了"。

然后突然收到他发来的照片，上面是手写的菜谱，全是我爱吃的东西，我就觉得长途跋涉一点也不辛苦了。

他送我回去的时候，路上遇见堵车反而会更开心，因为这样我可以靠在他的肩上很久很久。

《夏目友人帐》里面说："只要有想见的人，就不是孤身一人。"

风尘仆仆地去见一个喜欢的人，哪怕距离再远，内心也是满怀着欢欣的。

坐在地铁里，手机信号不好，为了打发漫长的旅程，就会一点点翻看和他的聊天记录，一首首听他分享给我的音乐。

我很喜欢这座城市的夜晚，似乎永远不会有绝对的黑暗。

不打烊书店的灯光始终温柔，24小时的便利店是永远的庇护所，报亭里新一季的书刊都到了，今晚还能看到了金星伴月……

太阳虽然落山了，但看着喜欢的城市从黄昏到星光点点直至夜幕降临，会觉得其实啊这人间并不坏。

我的意思是就算成为不了太阳，但我知道这座城市的万家灯火，总有一盏灯是为我亮着的。

深夜出租车

◆
◇

作为一位上班族，同时也是一名都市丽人，我常常打车。

晚上加班太晚，太累了必须打车回家。

早上为了左右两边对称的眼线，常折腾到不打车就迟到。

在车上的这二十多分钟，几乎是我每天和外面的世界唯一交流的机会。我经常把坐网约车当作一次随机匹配的见面会，也是我平凡作息里的一点点乐趣。

我发现，乘坐网约车，就是在参加一场live（现场演出）。

那是在我刚上班没多久的时候，我对工作上的很多事都不熟悉，每天出门前，要给足自己心理鼓励。

那天接我的司机师傅，仿佛曾经在德云社学过相声，操着我们这的方言，上来就一番说学逗唱。

"姑娘一看你就是没工作多久的。"

"为什么呢？"

"你上车后还坐得笔直的，不打哈欠也不睡觉。"

"那工作久了什么样？"

"上来要不倒头就睡，要不吃着早饭狂打电话，一副千万合同尽在掌握的样子。"

我上班紧张的心情很快就给逗没了，他又和我说，刚上班没啥的，年轻人多得是机会，我们只能开开网约车，你日后会单手开迈凯伦。

各种乘客的段子说下来，我听得入迷，成功地错过了我该下桥的路口。他和我道歉了好几次，立刻给我结束了行程，还给我承诺一定拿出毕生所学的驾驶技术，保障我上班不迟到。

那天我大概听了一个小时的现场单口相声演出，开开心心地上班去了，果然也没迟到。

从那次后，我开始留意，发现原来有这么多的司机，他们热爱生活，爱聊天，不露锋芒，虽然并没有拥有一切。

他们从不疲惫，平凡的生活被他们说出来，就像是奇妙的黄色罗马烟火筒那样不停地喷发火球、火花，在星空像蜘蛛那样拖下八条腿，中心点蓝光发出砰的一声爆裂，人们都发出"啊！"的惊叹声。

他们和你说着他人生的故事，把你当作他人生旅途里的小听众。

我都很乐意去听，去做一个捧哏的角色。

通过他们的一段现场演绎，我知道了有这样的人生，我看到了有这样的态度，我从别人的生活里找到自己走过或想要走的影子，这会让我更加珍惜我当下的日子。

有一次我加班很晚，走出公司时，头顶只有一轮月光洒下来。夜色很美，但是我独身一人在等车。那种无力与疲惫，在空旷的街道上瞬间弥散开来。

车来了，我上车。一上车，我就按下了车窗，我还想再看看月亮。司机师傅问我，姑娘才下班啊？我说，是呀，才下班呢。

然后他问我是不是没吃饭，我说是的。他就说他一会送完我就去接高三下晚自习的女儿，给女儿买了一袋橘子，要给我吃一个。

我有点犹豫，他就在等红灯的时候回头递给我一个。他告诉我，现在女儿学习压力很大，他每天都不知道怎么办，女儿上晚自习不在家，他也不想待在家，就出来跑网约车，然后准时接女儿回家。

我忽然想到我高三的时候，我爸也是这种心态，他说女儿不在家，他就难过。

想到这里，我就开始剥橘子吃了起来。

他又说，以后我女儿加班，我一定去接她。其他的我做不到，但是至少老爸要做她永远的专车司机。

我忽然就很感动，就说你真疼女儿呢。

他说，没办法，我和她妈妈离婚了，女儿选择和我过，我总觉得对不起我姑娘，觉得不够理解她。平时不能陪她逛街买衣服，又想多给她点零花钱，我就每天出来跑网约车。

结果又没时间陪她，我都矛盾死了。但是马上女儿就上大学了，我要平衡好时间，多看看女儿。

你看我手机屏幕就是我女儿。

他给我看了屏幕，是一个高中女生和爸爸用特效软件拍的合照，爸爸和女儿都有两个兔耳朵，笑起来很可爱。

师傅给我看的时候，他也笑了，是那种完全不藏着爱意的笑容。意外地打动了加班的我。

谁不是在为了生活而不懈努力，有太多的桎梏我们都得去遵守，有太多的责任都得去妥协。

但是我们还不是要做好自己的事，尽力为了在乎的人继续坚持吗。

看我不说话了，他就说，上班累吧。

我回，可累了。

他说，那我不多说了，你歇歇。

下车的时候，他又给我了一个橘子，还和我说，没必要有太多的不开心，没必要想太多，该做什么做什么，因为还不知道会有多少个明天。

我觉得心里好暖，橘子好甜。

其实我们都是很平凡的人，在压抑的城市里不停地忙碌着。生活在特别狭窄的角落，眼前只有自己的生活，以及认识的三五个人。

未来在哪里呢，我的梦还能实现吗，我喜欢的人什么时候出现呢，都不知道。

谢谢你们，让我知道平凡也没什么不好，平凡才最有力量。

虽然未来藏在迷雾中，叫人看起来胆怯。但当你踏足其中，就会云雾散开。

生命是纯粹的火焰，我们靠着体内一个看不见的太阳活着。

感到悲伤就去看海

　 ●

　 ○

　　最近在读寺山修司的少女诗集。他说大海的起源不过是女孩的一滴眼泪——"那眼泪无论如何也停不下来，终于将地球整个泡在水里了吧，这是任何科学书中都未记载、只有我知道的事情哦"

　　看，他的描述真可爱啊，像满怀心事的少女在偷偷分享自己的秘密。

　　在他的诗中，我总能看见"眼泪"和"海"的字眼。

　　甚至在他的眼里，眼泪就是人类自己创造的最小的海。

　　如果你尝过眼泪滑过嘴角的味道，一定知道它是咸的。

　　海水也是。

　　作为生长在内陆地区的孩子，我从小就对大海充满了期待。

　　在电视剧里，在归乡人的口中，在爱情小说的极致描写下……大海让人充满想象。

每个人想象中的大海可能是相似的吧！既有着一望无际的广袤，又带着深邃的蓝，不掺一点杂质。

白天，大海应是与天际相连的，一分为二，波光粼粼。

到了夜晚，月光如水般温柔，大方地落在宁静的海面上，诗意悄悄蔓延。

失眠的时候我经常想，什么时候可以去海边呢。

记得那时候网上有个传说——去过鼓浪屿的情侣都会分手。

我向来是个不信命运传说的人，甚至还想与此对抗一下。

我在心里悄悄计划着以后一定要与喜欢的男孩去鼓浪屿看海，计划着我们要在一起很久很久，从而打破那个诅咒般的传说。

后来，我去了一座离大海更近的城市上大学，看海不再那么遥远。我甚至可以在短暂的周末去海边看一圈，再坐上周日下午回校的列车。

也许是因为看海不再遥不可及，我也迟迟没有真正动身去海边。

终于，在一段稚嫩又快速的校园恋爱无疾而终后，我下定决心要去海边散心。

虽然现在回想起来只觉得那次失恋像是打了个喷嚏一样无关痛痒，但对当时的我来说倒像是遭遇了致命般的打击。

小时候我以为人到了一定年纪就必须结婚，所以成年之后我便认为自己已经成了"大人"，对感情之事总抱着很多天真的幻想。

幻想破灭的时候，我拥有的只是无止境的悲伤。悲伤久了，人就会颓掉。但也正是因为悲伤，去看海才成为我最大的心灵解救。

你想象过在海边的人是什么样子的吗？

有一家几口在海水中嬉戏打闹的模样，有小孩子为垒起的沙滩城堡欢呼的模样，有恩爱的情侣牵手拍着婚纱照的模样……也有将孤独的背影留给这个世界的模样。

一定是海面太宽阔，才显得一个人的背影是那么孤独。也一定是因为海水太深沉，才显得一个人的悲伤是那么微不足道。

走在海边，我的思绪不由得胡乱飘起来。

从小时候飘到成年后，我短暂的人生经历在大海面前一览无余。

海浪一波卷着一波，吞噬着沙滩上的大小不一的脚印，也吞噬掉我悲伤的情绪。

我望着天色变暗，热闹的人群散去，渐渐意识到爱情从不会遵循潮涨潮汐的定律，该去的就随它去。

寺山修司说，感到悲伤的时候就去看海。

因为看海是一件很治愈的事情呀。

我喜欢享受在海风中呼吸时的平静，烦恼也随着抛之脑后。

萦绕在耳边的海浪声像是大自然的洗礼，可以带走我很多复杂的情绪。

柔软的沙滩像是温床，每走一步都在将我包裹。

而眼前的大海仿佛正在张开双臂，拥我这座孤岛于怀中。

海是神秘又伟大的。

我永远也望不到海的尽头，也不知道人生的尽头会是什么样。

只是，在海的面前，那些需要穷极一生去思考的问题不值一提。

电影《岁月神偷》里有个场景一直让我念念不忘。

奶奶对小弟说："如果你肯放弃所有最心爱的东西，把它全都扔进苦海里，把苦海填满，就可以和你的亲人重逢了。"

哥哥因病去世后，小弟将自己珍爱的夜光杯、鱼缸头盔……都一一扔进了大海。

那些他心爱的东西沉底的沉底，漂走的漂走，哥哥却没有再回来。

大海不会被填满，已经离开的人也不能再重逢。

为什么剧中的奶奶将大海叫作苦海呢，也许是因为它承载了太多人间疾苦。

现在的我明白，大海是永远也填不满的，生活中的苦也是永远尝不完的。

但我可以把所有的心事都说给海听，将所有的疼痛与沉重留在海边，然后重新出发。

注定要离开的人就让他离开，感到悲伤的时候就去看海吧。

第二章

人不一定需要恋爱，
但需要恋爱感

女孩子心里没人的时候最酷

●
○

　　我确定，我曾经是喜欢过这样一个人的。

　　我喜欢他的样子有很多种，是收到他的邀请在房间里活蹦乱跳的样子，是洗澡洗到一半用毛巾擦擦手回他信息的样子，是一个人坐夜车出现在他面前的样子……

　　我当时很害怕最后只是感动了自己，但还好，他说他感动了。他这么说，我就信了。

　　这段维持不到半年的异地恋就这样开始了。

　　顺着喜欢而来的，是夹杂着不安、忐忑、紧张的小心情，对一切细节如数家珍，脑内时常排练着一出又一出见到他后的情景，费尽小心思去揣测他的反应。

　　我时常发仅他可见的微信朋友圈动态，要是他能点赞评论，便开心到飞起。我认认真真地听他分享的每一首歌、每一段文字，然后与他有话可说。

我总是在这般起起落落的感情中努力证明自己的价值，证明在我"不打扰"的日子里，他也跟我一样揪心和难过。

后来，一个共同的朋友告诉我，在我们分手前夕，我突然找他的时候，他其实很慌，他和一个女孩一直走得很近、关系亲密。

如果我当时看到就好了，就不会有接下来的荒唐。

但是，他和我分手的时候并没有提到这个女孩，他只是说异地恋很累，假装爱我很累。我也信了。

以至于在后来的生活中一想到他就像一个结了痂的疤隐隐作痛。

得知他在我背后搞了这么多小动作，我的心一下子就凉了，在那个瞬间也许我已经放下了。

我不想再问了，就当是在这段感情的最后留给自己的一点体面吧。

我不希望有一天回头看，突然发现自己认认真真付出过的感情，从头到尾都是贬义词。

过了很久，我和当初那个我们的共同朋友一起吃饭。

那是临近中秋的时候，螃蟹正是肥美，饭菜上桌后，我拿起一只螃蟹开始大快朵颐。

我和她说说笑笑，突然她有些担心地看着我说："他结婚了，就是和当初的那个女生。"

我笑着回应，那也挺好啊，至少这次他不用演戏那么累了。

我们有一搭没一搭地聊着，我熟练地把螃蟹掰开，去掉腮，取出整块的蟹肉和蟹黄，沾着洒满了蒜末的醋一口吃下去。

最后学着网上的方法，一根一根挑出蟹腿里的肉，同样沾着蒜末的醋送进嘴里。

直到我吃完一整只螃蟹后，才发现自己的心情竟然很平静，于是明白了，原来自己的情绪已经不会再为他地震了。

从开始到结束，失望是日渐累积的，但感情死掉只是心凉的那一个瞬间。

可能很多人都有类似的感受，一个曾经那样喜欢过的人，最后竟然也会变得没那么特殊了。

当爱情已然死亡，当这个人根本就是错了的时候，我很庆幸，我没有不顾自尊地去做傻事，庆幸自己坚定地离开了。

现在，我可以站在旁观者的角度去回忆这些时，我发现，其实我的生气更大过于失去的痛苦。

在喜欢这条路上，有风沙，有岔路，有惊喜，有落空，更有无可抵挡的卑微与骄傲。

你不用对我撒谎、婉转、顾左右而言他，我并不生气你的拒绝，我只是生气你在浪费我的时间。

所以，我不会再为你做任何事了，我会结束与你有关的一切。

删掉你的微信，拉黑你的微博，删除彼此所有的好友关系，从此就消失在生活中了。

当爱情死掉的时候，只有离开这一个选项。

其实，相对地，你爱的那个人对你的爱已经死掉的时候，他也是不愿再为你做任何事了。

我也明白，很多女孩子只要还有感情就很容易心软，但如果对方看你的眼神里再也没有了光芒，甚至冷酷无情，多半是感情为负值了。

就像你吃一道菜，没尝过的时候如果有人一直让你尝，那尝两口也无妨。如果吃过了之后觉得特别难吃，已经果断拒绝了再吃，这个时候有人在你面前一遍一遍让你再尝尝，反而会让你反感。

至于，一心想着"我要是变得更好，他就会回来的"，于是做各种事给对方看。可能事实是，他根本就不在乎，不管你有没有更好，不爱了就是不爱了。

当你刻意做一件事给他看的时候，你也没有变得更好，只是在原地自我拉扯。

很多周围的朋友一直处在这个自怨自艾的阶段，很久不能走出来。一直想对他们说一句话，又开不了口：不要继续了，我看着都心酸。

所以，在这个时候，不要苦苦哀求了。挑一个阳光正好的清晨，安静地离开吧，也算是给爱情留下最后的余地。

现在觉得，也许好的感情便是面对一个人时，你可以很酷地对他说："我喜欢你，可我也不怕失去你。"

这几天七夕节快到了，大街上到处是打打闹闹的情侣，无数的礼盒在城市的橱窗展示，好像一切都是这么美丽。

咖啡店的白板上写着一句话：去爱你想爱的人吧，趁自己还活着，趁他还活着，趁记忆还能将过往呈现，趁时光还没有吞噬你们的思念。

我想了想，大概一个姑娘最酷的时候，就是只要知道了一段感情已经死去，可以马上干干脆脆说再见，可以立刻潇潇洒洒地大步向前。

恋爱感

●
○

　　我是个比较有仪式感的人，在西塘客栈醒来的一大早就去寻找喜欢的明信片了。

　　走到塘东街拐角处时，有一家门外停着一辆白色单车的精品店，橱窗玻璃上写着："人可能并不一定需要恋爱，但需要恋爱感。"

　　这行字，吸引我朝里面探了一眼，顺势推门而入，一阵清脆的铃铛声传来。映入眼帘的除了像爬山虎倾泻下来的明信片，还有一个穿着浅色T恤的男孩。很深的双眼皮，没有多帅气，却给人一种满是善意和温柔的感觉。

　　"老板，那我只能寄给五年后的自己啦。"他微微歪着头，嘴角带着笑意，很有礼貌地看着老板。然后，干净妥帖地坐到最靠墙边的桌角，不过，半天没有落笔。

　　"你好，你看到有月亮图案的明信片了吗？"我凑到他身边问。

他看了我一眼，指了指墙边的篮子说："明信片都在那。"

我翻阅着满篮子的明信片，接着找话题："这明信片多少钱一张啊？"

"不好意思哦，我不太清楚，你可以问老板。但据我所知，这里的明信片不卖，都是现场写好，然后老板帮邮寄给未来的自己。"

"那么有意思，那我邮寄给下辈子的我行不？"

"这恐怕不行，我们是有固定时间的，这家店的租期是五年，所以只能五年内。"一个店员突然打断我们，好意走过来和我们解释。

我有点懊恼，心里嘀咕为什么偏偏这个时候过来打断我们啊！

但店员接着说了一句："不如你们寄给五年后的彼此吧……"哈哈哈，她似乎读懂了我的心思。

"这不太好吧……"我略尴尬地回应。

"这个想法也不错啊，"他坐在角落里，朝我笑道。

那份笑容里包含了很多种含义，有被人解救的庆幸，有礼貌尊重的打招呼，但我关心的是有没有包含对我的一份欣赏。

寄语写完。

我们都很默契地不让对方看到，把明信片夹在书里，躲避对方的视线，放在了书架里最隐蔽的位置。我坐回暖暖的沙发上说："雨可能一时半会儿停不了。"

其实这句话的潜台词是我想多在这里待会儿，我知道我们一旦分开就很难再相见。不料，他接着说："我有伞。"我不知道他怎么这么不解风情，伞预示着"散"啊。

但接着，他走到我面前说："西街那边有专门卖明信片的，我带你去找找有月亮图案的明信片？"我惊讶极了，收回刚刚他不解风情的想法，用力地点了点头。

我躲在他的伞里，正在往那条弄堂的方向前去，但我假装不知道。他比我高两个头，尽管撑伞的方向和高度已经很迁就我了，雨还是会飘进来，迷到我脸上，打湿了睫毛。

顺着雨飘的方向望去，河道里泛旧的木船，正晃晃悠悠地飘荡着，悠闲的撑船人在船头嘬着烟，眯着眼睛看岸上的人。

雨中的西塘总是这样，就和几行情书一样，烟雨朦胧而温情脉脉。我不喜欢热闹，在烟雨江南客栈附近的廊棚和木橛上静坐，任清风轻抚脸庞，就已经很有诗意了。或者放灯烟雨长廊，踏板石皮弄堂，扁舟唱晚，来一碟青豆配上黄酒，也很惬意。

而他也一样，似乎并不想打破雨中的宁静。

他忽而侧过脸，看着河道里悠闲的撑船人，忽而转眸看着前方匆忙回家的行人……我偷偷地看着他，猜不透他此刻心里在想什么。

终于，他开口了："刚才幸好你出现了，实在不知道写给谁。"我趁着雨小了很多，机灵地跳出他的伞外："那你让我拍几张照片吧。"

我走到他的身前，拿起单反相机并迅速地给他拍了很多照片。

"我不太上镜啊。"

咔咔咔——

"等下，那让我摆下动作。"

"不用啦，我已经拍好啦。"我偷笑道，"权当留作纪念吧。"

他好像明白我的意思，我总感觉，我们是很相似的人。天色渐晚，但似乎我们都不太舍得分开。

人随着夜色慢慢也多了起来，河道上漂着河灯，有几对情侣正依偎着放河灯，不知他们许下了怎样的愿望。

我提议："我们也点一盏河灯，许个心愿吧。"我们一起将河灯小心翼翼地放进河里的时候，夜晚的西塘显得更加浪漫又温柔了。

我不知道他许了什么愿望，就像我不知道他的明信片里给五年后的我写了什么。但我希望这个小小河灯可以载着我许下的小小心愿，顺着水漂啊漂，漂到江里，漂到海里，最后漂进他心里。

可能眼前的这个人真的给了我一种恋爱感，又或者害怕今天过后就再也见不到了，所以我才会想和他做一些"类恋爱"的事吧。

然后我就想到了早上看到的那句话："人不一定需要恋爱，但需要恋爱感。"

很对啊，很多时候人只是想要一种喜欢的人的感觉，而不是想要恋爱。比如你有一个欣赏的人、心动的人，你却不管他是不是知道，你们会不会在一起，在一起多久。那就是一种恋爱感，是一种不会感受到恋爱时必要的烦恼，但又像谈了很好的恋爱一样有朝气蓬勃、春意盎然的感觉。

甚至有时候恋爱感不用来自一个特定的他，一朵云，一束光，晚风，星辰，朝阳，落日，午后的小猫，偶遇友好的陌生人……万事万物都可以带来恋爱感，只要感知温柔世界，总会有恋爱的感觉。

追一个喜欢的明星，下楼买猫粮顺便给自己买一朵玫瑰花，下午最后一节课出神地望着教室窗外的风和云，躺在床上幻想自己舀一勺月亮吃……只要有动心的事物就会产生恋爱感。

这些对我来说都比维持一段关系要愉悦得多。

我爱云，难道叫云飘下来抱着我吗？

我爱海，难道我要跳进海里？

我爱一朵花，不一定要把它采摘下来。

我爱风，难道叫风停下，让我闻一闻？

爱一个人，不一定需要他整辈子跟着你。

人可能并不一定需要一段长久的恋爱，但需要恋爱感，做一个万物皆可诗的女孩。

暗恋这件小事

○

年轻的时候喜欢用QQ，大学之后习惯用微信。

某天打开了很久没使用的QQ，突然冒出来一个可能认识的人申请加我为好友，备注：许泽。

我和他有22位共同好友。

原来那些和我拥有几十个共同好友，却不在我的好友名单里的熟悉名字，大数据把他们划分为"可能认识的人"。

但是我们有那么多共同好友为什么不是好友，这些自以为是的App心里没点数吗？

"可能认识的人"大部分都是不可能添加为好友的人。

认识许泽，是在高二那年。

文理分科考试之后，大家陆陆续续从原来的班级换到新班。

那天下午，我带着自己的书包和一大摞书"搬家"，走到新班教室门口，正好和从里面往外跑的男生撞了个满怀，手里的书撒落一地。

他连忙道歉，弯下腰帮我捡拾书本，出于歉疚，帮我把书送到了座位上。

后来我知道他叫许泽，新班座位按分科考试成绩排名，许泽坐在我前面一排。

因为那一撞，我注意到这个看上去很阳光又有点好看的男生。

许泽不是那种第一眼看上去就很帅的男孩子，但是样子很干净，右边嘴角旁有一个浅浅的酒窝，笑起来的时候格外明显。

周三下午的自习课，他喜欢趴在课桌上睡觉，阳光从窗外照进来，洒在他的脸上，勾勒出眉眼的轮廓。

年少的喜欢总是不需要太多来由，我做着练习卷，时不时抬起头悄悄看一会儿他。

午后的风吹过，吹起许泽前额的碎发，我的心也跟着在动。

然而那时的我，是个胆小的书呆子，心里没有恋爱的念头，也没有勇气。

这样朦胧的好感，也只是悄悄留在了心里。

日子一天天过去，但我和许泽似乎并没有太多交集。

直到那一次回家路上的意外相遇，我才知道原来许泽和我家住在同一个方位。

高中时，我家在江北，学校在江南，中间隔着一条长江，每次回家，都要穿过长长的跨江大桥。

有一次周五放学后，回家途中突然下起雨。下车之后，因为雨太大，我只好匆忙躲进公交站旁边的电话亭里。

雨淅淅沥沥地下着，丝毫没有停下的征兆。

在我一筹莫展准备冒雨冲向前面的站台时，一个声音在我耳边响起："没带伞吗？一起走吧。"

是许泽，他撑着伞站在我面前。

于是我们打着一把伞，一起往站台那边走去。

那是我第一次和许泽距离那么近，他的伞是透明的，上面印着一只只小小的蓝鲸图案。

我抬起头看到被雨水打湿的它们，心里也欢快地像一只在喜欢的海域里嬉戏的小鲸鱼。

知道许泽和我顺路之后，我们之间比往常熟了很多，也经常在周五下午一起坐车回家。

许泽数学很好，因为座位距离近，每次我遇到问题，就会喊他回头。

一开始讲题的时候，他总是三下五除二就把公式定理迅速在纸上写下来，划出最后的答案。但他讲题的步骤并不详细，以致我经常需要打断他，自己思考一会儿才能继续让他讲解。

后来许泽渐渐了解我的节奏，讲题速度放慢了不少。

很长一段时间里，许泽都充当我的"数学辅导老师"这个角色。他很耐心，每次讲完题目，都会看着我的眼睛问我有没有听懂。

和他对视的时候，我脑袋里就会浮现一些老套的话，比如我好喜欢他啊之类的。

俗气到不行，但心里却像飞进一只蝴蝶似的摇摇晃晃起来。

高三那年，时间过得很快，月考、期中考、模拟考……一场接着一场。

为了能多一些时间复习备考，大家都开始长期住校，每个月回家一次。

自那以后，我便很少再和许泽一起回家。

高考前夕，全体高三同学在学术报告厅开完最后一次考前誓师大会。

大会结束后，离家近的同学都收拾东西回家了，而部分离家远的就直接留校备考。

学校里面开始布置考场，教室里的桌椅全都搬空了，比平时安静了许多。

我和往常一样，在食堂吃过晚饭后走到操场。

想到过两天就要高考了，心里突然觉得很紧张，暗暗担心成绩最薄弱的数学。

我戴着耳机坐在篮球场边上出神，许泽不知道什么时候来到我身边。

注意到他时，他已经在我旁边坐了下来。

"要听歌吗？"我把耳机分给他一只。

黄昏的球场上，我们就那么挨着坐了很久。

后来什么时候起身回去的我已经忘了，只记得那个晚上，耳机里面的歌被循环播放了好几遍。

离校那天我再一次见到许泽。

回家路上，我因为高考数学发挥得不好，整个人闷闷不乐。

许泽看出我的沮丧，眼睛一亮说："暑假出去玩吗，听说海底世界今年有海獭，要不要去看看。"

看着我一脸疑惑的表情，他继续说："跟你说哦，海獭睡觉时会捏着水草，如果没有水草，它们就手牵手，特别可爱的。"

果然听到这个对我来说很新奇的小科普之后，我忽然一扫阴霾，开始有点期待。

然而高考结束后的那个暑假，比想象中短暂很多。

大家忙着对答案、查分数、填志愿和毕业旅行，中间许泽的妈妈生病住了一次院，康复时已临近大学入学时间。

于是看海獭的计划就这么搁置，我们谁都没有再提。

后来分开的日子比相聚长久，那个小小的约定，就像高考之后的复习资料和试卷，一起被锁进柜子，最终遗忘在时光里。

9月开学季，许泽去了南方一所科技大学，我则留在了南京。

人和人之间的关系比想象中要脆弱得多。

有时候光是距离这一个因素，就足够让一段本就不算亲密的关系走向疏远。

大学期间，我和许泽的联系变得很少。

偶尔在QQ上聊天，几句寒暄之后就会陷入没有太多共同话题的尴尬。

于是我们默契地找到结束对话的理由，然后各自去忙。

大四结束后的一年里，我一边忙着毕业设计，一边实习、入职、离职……

生活忙碌而充实，却没有太多波澜。

大概是因为生活轨道没有什么交叉，我已经不常会想起许泽了。

三月的一天，朋友约我一起去南理工看二月兰。临行前一天晚上，朋友家里临时有事，于是南理工之行变成我一个人的独行。

那年二月兰开得很好，我在水杉林拍下一张照片，发了一条QQ空间的状态。

不一会儿，消息栏显示有3条未读。打开对话框，是许泽发来的消息。

原来许泽大学毕业后回到了南理工读研，那天周末，他正在实验室做实验，看到我的动态知道我到了他的学校。

多年未见，许泽变化很大，也成熟了很多，早已不是我记忆里的那个青涩少年。

他带着我逛了一圈校园，临走时送我去地铁站。

和许泽一起走在学校南门外的孝陵卫街，春天的阳光照得人有点恍惚。

"其实我高中的时候喜欢过你。"我脑海里忽然冒出这句话。

但是许泽的手机铃声突然响了起来，实验室的师兄找他说着什么事。

我的思绪被拉回来，只是一瞬间，我改变了主意，觉得那句迟到了很多年的话，或许已经不必说了。

和许泽道别后，我坐上二号线地铁回家。

那天下午地铁上没什么人，空荡的车厢摇摇晃晃，站名提示灯闪烁着红色的光点。

我抬起头，注意到刚刚过去的那一站，正好是海底世界所在的苜蓿园。

窗外是漆漆的轨道，地铁飞驰而过，一阵风起又消散，像流逝的时间，一去不返。

此后好几年，我用微信取代了QQ。

我和许泽像失散了一样，很少再看见彼此的生活。

如果不是QQ的"可能认识的人"这种提示功能的出现，或许我还不知道他早就把我删了。

知道这件事后，我同意了他的好友申请，只是想知道他删我的原因，但过了很久，他也只是搪塞。

所以，我到底做错了什么？

直到现在，他也没有说删我QQ的原因，只推辞说以后解释。

还重要吗？不知道。

我只知道，如果再给我一次机会，我不可能再添加他为好友。

因为我现在觉得有些缘分就是这样的，不一定非要强求一个结果。

躺在"可能认识的人"列表里，总比在你的"黑名单"里带来的回忆美好。

花店不开了，花继续开

●
◇

1

我是花店里一束紫色的满天星，被安置在大门右侧靠墙的柜台上，而非大门正对着的橱窗；像是被用来装饰花店，而不是售卖。

不过，这个位置刚好够我观察十平方米花店里发生的一切故事了。

花店的老板是个很可爱的女孩。

熟客来买花，她总要笑眯眯地多塞一朵鲜花给对方。

她喜欢收集瓶瓶罐罐，捣鼓新的花样，放在橱窗里。她养花也卖花，前院有猫，后院有狗。

白天，她在店里悉心照料满屋子的鲜花。闲暇时，就坐在摇椅上慵懒地晒晒太阳。

女孩有个谈了四年的男朋友，隔三岔五就会来花店一次。

男孩每次都会给女孩带来一大束红色玫瑰。如果女孩有需要，他还会主动打扫卫生，抬大盆鲜花到太阳底下，让它们吸收阳光。

红玫瑰是女孩最喜欢的花，店里摆得最多的就是新鲜的红玫瑰，像极了她的爱情。

我总觉得，女孩是天底下最幸福的人。

有时候，我甚至在想，来世坚决不做无人问津的满天星了，就做个开花店的老板娘。

2

我这束小小的满天星，到底没能预知故事的走向。

后来，男孩有半个月没来花店看女孩了。

我总能看见女孩无缘无故地对着红玫瑰落泪，眼泪滴滴答答落到花瓣上，而不吃水的花瓣，又让眼泪从这一片花瓣滑落到另一片花瓣上；像是女孩难过的心情，反反复复，不知道什么时候会好。

从那以后，女孩再也不像以前那样照顾红玫瑰了。我不知道她是不是一看到红玫瑰就会想起什么。

她开始每天给洋甘菊修剪打理，可能是因为洋甘菊的花语是：越挫越勇，苦难中的力量。她希望自己变得像洋甘菊一样吧。

我在想来世真成了花店老板娘，我一定不会轻易抛弃喜欢的花儿，不过，我现在觉得做满天星也挺好。

智者不入爱河，人类的情情爱爱太伤人。

3

一个月后，花店关门了。

女孩离开得很突然，和男孩一样。

我这束满天星身上慢慢落了些灰尘，看东西也变得模糊了。

大门一直紧闭着，不再被打开了，室内有点暗，大门正对着的橱窗上的鲜花也都有点小丧气。除了几朵含苞待放的红玫瑰，看不大出来它们的状态。

下午三点，幸运的话，阳光会从玻璃窗户射进来，刚好可以完全笼罩在那几朵含苞待放的红玫瑰上，这是店里唯一有点生气的场景了。

一天又一天，红玫瑰的花苞竟然陆陆续续绽放开来，毫无预兆，可又毫无悬念。

我真想化身为一个相机，在红玫瑰绽放的瞬间，把这一画面记录下来，送给女孩。

花店不开了，花继续开。

他不在了，她继续爱。

花店有理由不开，但是花没理由不开啊！男孩有理由离开，但女孩没有理由说不爱就不爱了。

在她将花店关门的时候就证实了，她还爱着男孩，她没能成为越挫越勇的洋甘菊。

这么说，人类的情情爱爱更伤人了，还是做朵花好哦。

4

我这束小小的满天星，又猜错了故事的结局。

人类啊，总让人琢磨不透。

是的，花店又开了，花有人管了，花让人管了。

重开花店的人还是那个女孩，她回来了。

可能开花店是她毕生的事业，也可能她明白只要有勇气说再见，生活就会奖励她一个新的开始。

所以，她给了自己一个新的开始。

女孩将整个花店翻了新，又比之前更加悉心照料喜欢的红玫瑰。

虽然没有了那个熟悉的男孩的身影，但她的闺蜜和朋友却比以前多了。

我突然有些明白她为什么喜欢红玫瑰了。

她就像那些绽放的红玫瑰啊，不会因为没有了陪伴，就忘了自己是朵可以盛开的花儿。

花店不开了，花继续开。

他不在了，她还可以继续爱。

所以，希望读这个故事的你能明白：

就算没有草原，你还是一匹马；

就算没有天空，你还是一只飞翔的鸟；

就算电闪雷鸣，你还是个闪闪发光的小太阳。

花是为自己而开，人也是为自己而活，生活更要留给自己。

花店不开了，花继续开。初见这句话，是在作家蔡仁伟《伪诗集》里的其中一首名为"世界"的诗中。说的是一种世界规律，许多东西慢慢地不存在了，但这个世界仍然运转。

这句话好像很有魔力，每个人看过后想法都不同。

开心的人看到会难过，像是对失恋后的糟糕情绪感同身受。

悲伤的人看到的是希望，像是黑暗的生活中照进了一束光。

可能正如诗名"世界"二字，这个世界既有美好的A面，又有残酷的B面。

花店不开了，花继续开。你不在了，我继续爱。

满天星的花语是：我携满天星辰以赠你，仍觉星辰不及你。

黑洞与爱情

2019年4月10日，我在家坐等全人类第一张黑洞照片出炉。

从我们站在地球看到的星空，一路追溯到室女座M87星系的核心，我们终于首次看清了黑洞真正的样子。

我看到了原来会有一团最亮的光，陪伴宇宙最深暗的黑色。

我想以后看到的星际小说里，就会对黑洞这样描述：

黑洞是个甜甜圈，它小到难以肉眼观测，却会吞噬许多东西，会"打嗝"，甚至还会"呕吐"，在它旁边的行星像无法抗拒爱情般被它吸引。

记得当年看电影《星际穿越》，导演诺兰用超先进的特效技术展示了黑洞的魅力，在照片公布之前，它承载了我们对黑洞的一切想象，在电影院感觉特别震撼！

当银幕上的宇宙飞船驶过静谧的土星光环，当黑洞的吸积盘闪耀着迷人又透着死亡气息的光芒时……

我想起小时候常在家里的天台上仰望星空，漫天星辰对着我闪烁。

我想起曾有一个午夜躺在学校操场上，看着狮子座流星雨朝我扑面而来。

不过这些星辰带给我的那些震撼、感动与敬畏，好像都已经是上辈子的事了。

只是有那么几个瞬间，《星际穿越》好像唤回了这些我前世的记忆。

我曾经也是仰望星空的浪漫少女，如今却成了一个忧心儿女情长、柴米油盐的俗人。

正如《星际穿越》里那句最触动我的台词："我们以前常仰望苍天，思索人类在星空中的未来。现在我们只会低头，忧心自己在尘世间的生存。"

之前看到一个科幻小说里写道："当生存问题完全解决，当爱情因个体的异化和融和而消失，当艺术因过分的精致和晦涩而最终死亡。对宇宙终极之美的追求便成为文明存在的唯一寄托。"

宇宙的终极之美是什么？

《星际穿越》里给出的答案是爱：爱是唯一可以超越时间与空间的事物。

曾经听人说，爱情不是用来谈的，是用来"坠入"的。

听到"坠入"这个词，我内心被触动了一下，爱情真的就如黑洞吸引，明知道它危险无比，会不停吞噬你对他的喜欢，一不小心就是深渊万里，无法脱身。

可就是忍不住总想窥探一下里面是什么？想了解它、明白它、留住它、拥有它……

也许爱情的美妙就在于此。

当人类窥探黑洞时会发现什么？有无限之夜的黑暗，有虚无之渊的空间，有永恒凝滞的时间……

当这个宇宙的我们窥探内心时会发现什么？一些死去的梦想，一些抓不住的爱情，一些无法挽救的悔恨……以及在未来可以预见的庸庸碌碌的人生，翻翻口袋快乐也所剩无几。

于是我们会用尽一生寻找一个可以让自己躲进去的黑洞，比如躲进音乐、躲进文学、躲进画画，甚至躲进危险的爱情里也不想出来……

其实任何有一定质量的物体，只要你压力足够大，把它压得足够小，小到"史瓦西半径"以下，都能形成黑洞。

比如只要把太阳捏到一站地铁（半径3千米）那么长，把地球压到一颗麦丽素那么大（半径9毫米），把珠穆朗玛峰压到你头发丝的万分之一那么细（半径1纳米）……

或者把一颗心脏捏到比原子还要小得多得多，那恭喜你，你就获得了一个微型黑洞！

我一直知道我心里有一个很厉害的黑洞，生活满足的时候它就缩得很小很小，不会现身。

而当我很累、很丧、压力很大，尤其是坠入爱情的时候，它就开始把我吞噬掉，从精神到身体，然后我必须用一点东西去堵住它。

在吃东西的时候就可以暂时麻木掉，这就成了我偶尔暴食的理由。也试过运动和学习，但是很快再次感到空乏。

其实我也不是个把爱情摆在第一位的人，但是当我喜欢上一个人时候，他在我心里的比重会无限放大。即便经常被朋友们说重色轻友，我也笑嘻嘻地默认了。

就像莎士比亚所说："宇宙间许多事物的真相，追求时候的兴致总要比享受时候的兴致浓烈。"

比如爱情，比如黑洞。

爱情确实如此，如果说彗星是银河侥幸射出的丘比特之箭，那么屏息的黑洞正扮作聚精会神的捕手，只在开始给你那一点甜，给你相爱的幻觉，等待你落网。然后你的头、你的尾，你身上反射别处的每一缕光都在劫难逃。

大多数人在感情里就是一开始遇到一个会发光、绚烂如黑洞吸积盘的人，迫不及待地把自己交付出八九分，原以为可以坐享对方一二分的回应，没想到直到最后也没能等到。

若你曾有过这样拼了命付出的爱情经历，一次次隆重的示爱却像砸在铜墙铁壁上甚至砸进宇宙黑洞里，连一个微小的反应都没有，你也许该从中领悟出一个道理。

一段好的感情，应该是两个人都自带光芒，照亮对方，让彼此看到希望。而不是靠付出维系，不是只要我们尽心尽力、掏心掏肺爱着对方就能有回报。

所以，一定不要一味地消耗自己，被对方拉进一个伸手不见五指的黑洞。

因为当你让它把自己的光芒吸干后，就会变得越来越不会爱了，就会觉得以后再也不会遇到谁了。

你本来浑身是光，但是，突然有那么一瞬间，你变成宇宙里一颗濒死的星球。中心发生突变，不会再发光。

即使有多喜欢都只给对方冰冷的一面，哪怕对方的心都烧起来了，也会因为你回应得不及时，也扭头被别的恒星捕获了。

你努力回想自己浑身是光的样子，却怎么也想不起来。

后来你发现，那是你还相信爱情，第一次见到他的时候眼睛里发出的光。

你之所以看到对面的这个人时眼睛会发光，是因为你们的频率相同，你感知到了对方的存在，但是你却被黑洞所诱惑，和他擦肩而过。后来你发现，虽然你已经被扒皮抽骨了一番，但只要你拼了命走出黑洞，就会看见黑洞的尽头是平行世界。

或许还有平行宇宙中的另一个你，在面对人生的岔路口时，做着不同的选择。

幸运的是，总有一个你，没有像原来那个宇宙的你一样选错了路；总有一个你，找到真正的爱情，终生幸福。

嘴硬的人会失去很多

前年曾遇到一个男生。

加了微信一个月后，我在朋友圈发了两张照片，大概他被我憨厚的笑容吸引了。

于是他问我有没有男朋友，我说没有。

他又问我结婚了吗，我笑着说男朋友都没有怎么会结婚！

其实听他这么问，我心里是长舒了一口气的，说明他也没有女朋友。

当天下班后我俩去看了电影。人如其照，人也如其朋友圈，从内到外都是我喜欢的类型。

看完电影他送我回家，借他的光，那天走了一万多步，这是我俩第一次见面。

在路上他跟我说年轻时喜欢一个人总是很热烈。

那一刻我怕他看出来我对他有意思，就故作深沉地说我早过了那个年纪了，我是个很淡然的人。

他说："我喜欢你的淡然。"

第二次见面是在五一的第二天，他问我在哪，我说在家。

他来我家接我，开了两个多小时的车，到了郊外的一个艺术馆，但保安说晚上不安全，没让进，我们就在外面看夜晚的满天繁星。

他问我有没有做过什么疯狂的事情？

我说没有，我说我什么都敢做，但没什么人也没什么事值得我为之疯狂。

我说："你呢？"他笑着说今晚就挺疯狂的。

我们看了一会星星，又开车回去，各回各家。

第三次见面，某个周末他说让我去找他玩，我开玩笑说不敢去。

他说那算了，我发了地址给他，说："来接我。"

他接我在他家附近看了一场很无聊的电影，吃了顿饭。

然后他问我要不要去他家参观参观，他家有很多书。

我说你家要是有我喜欢看的书我就去。

果不其然没有得到我想要的答案。

第四次见面也是最后一次见面，好像是什么音乐节的演出现场，我也不怎么关注。

他前一天晚上问我去不去，我说去呗。

第二天他查了一下路线，说太堵了，如果我不介意就去。

其实我心里根本不在意路上堵不堵，但还是嘴硬说那就算了吧。

没过几天他突然发微信说："如果你表现好的话，我就带你去各种好玩的地方。"

我苦笑，我已经28岁了耶，把我当18岁的小姑娘哄吗？

然后我又嘴硬，就说"不用了"，他回复"OK"。

然后他就把我从好友列表里删了。

其实，那一刻我是后悔的。我想，但凡我从始至终说过一句软话，我们早就在一起了。

人会因为嘴硬失去很多东西吧。

即使那样看来很酷很酷，满口说着我不在乎。

比如从小我就不爱和爸爸、妈妈妈撒娇，嘴很硬，一直觉得表达对父母的爱很难为情。

有一次上完自习课回家，一进家门，爸爸就告诉我妈妈生病了，不能给我做饭。

从门缝中我看到妈妈裹着被子躺在床上，其实当时的我有一点不知所措，想看看妈妈，又担心会打扰到她休息，很着急她病得严不严重，可是又开不了口。

多年后妈妈和我讲起这件事，她觉得我当时很冷漠，她特别希望自己的女儿能亲昵地凑到她身边关心她。

明明被妈妈误解了，可是我却嘴硬说："就算我去了，你也不会马上就好了啊。"

说实话，我很羡慕那些和父母很亲近的人，会撒娇、能耍宝，而我虽然很想去说、去做，但就是迈不出那一步。

心里很关心，可到了嘴边就变成了满不在乎，这样的我一定没少让妈妈难过。

后来，随着年龄的增长，我嘴硬的毛病即使有所改善，也无法彻底改掉。

就算钱包里只剩下10块钱了，我也会嚷嚷着要请别人吃饭。

遇到困难也从不会主动寻求帮助，都是别人看我的表情里猜出来的。

有时候明知道自己错了，但为了那点仅存的尊严，为了不让自己那么狼狈，却还是不肯低头。

从小到大，这股倔劲儿好像不会消失一样。

我喜欢说"我没事，你不用管我"，因为我太怕去麻烦别人了。

也懒得对别人说我的安排我的想法，每次遇到事情能自己处理就自己处理。

其实我就是嘴硬，我内心超希望别人能管我，把我安排得妥妥当当。

我也太不会服软了，宁愿吃亏，也要自己扛。

比如明明眼泪都快要出来了，但还是回了一句就这样吧。

嘴上丝毫不让，也会在夜里后悔万分。

但我渐渐发现心里想什么就要说什么，一定要这样。

现在的人们敏感、忙碌又复杂。你不说，别人是不会知道你在想什么的。

有些东西你心里明明想，却因为不好意思和嘴硬拒绝了。

就算是你觉得应该懂你的人，也会开始犹豫，然后退缩的。

鼓浪屿分手魔咒

在鼓浪屿的日子总是潮湿的。

挂着雨点的玻璃窗外，有"鼓浪屿"牌香烟广告的霓虹灯亮起。

天色昏暗，霓虹灯的光照射在晶莹的雨点上，组成了斑驳的红色。

我醒了，头很痛，口里很苦，渴得很。看看桌面上的酒瓶，酒已空。翻个身，脸颊感到一阵冷涔，原来我已经流过眼泪了。

我的泪水应该含有四十二度的酒精。

宿醉后总有一种恍如隔世的感觉，一般第一个问题总是：我在哪？

哦，我在鼓浪屿。

我来鼓浪屿做什么？

哦，我来撬锁的。

鼓浪屿有一个魔咒，一起去过的情侣会分手。

说是在鼓浪屿旅游特别容易体现情侣间性格的差异。

男生脚力好很容易一个人闷头走不顾及女生；女生爱逛店很可能不考虑男生已经等得很无聊了；另外，岛上岔路很多，很容易迷路，如果走错路，两人可能会互相埋怨……

总之，跟另一半在这样的地方旅游很容易激化原有的矛盾以及引发新的问题。

但当时的我完全不在乎，三年前我拉着当时候的男朋友去了。嘴上说着不在乎的同时，我们在环岛的铁链上留下了一把锁，想把我们的感情锁死。

没想到魔咒如此厉害，如今被分手，失恋，走不出来，纷纷灵验。

所以，三年后我又来了，一边有点想向这个魔咒臣服，另一边，更想的事情就是把那把倒霉的锁给撬了，赶紧的。

我很想回忆一下昨晚到底发生了什么，但是饥饿的感觉太强烈，让人没法思考。于是我翻了个身，下床，出门吃点东西。

穿鞋的时候，鞋面泥泞不堪。天呐，我昨晚到底经历了什么？手指甲也断了个彻底，我有种预感，撬锁这件事可能回忆不起来更好。

街边的炉灶上煮着红彤彤的肉酱和海鲜秋葵汤，咕嘟咕嘟冒着泡。我的桌上摆着一大盆生菜沙拉，一碗圣女果和一碟切片黄瓜。

我边吃碗里的炒粉，边看着沙滩的另一边。三五个年轻人聚集在海边玩沙滩排球，热了就跳进海里游泳，抓水母送给小孩埋在沙堆里，游累了就回帐篷里坐着和长辈喝啤酒、聊天，聊烦了就去踢球。

这样的场景，惬意得不像话，但是我就像被远远隔离在外一样，尤其是回忆起过往的时刻。

我在周末飞去厦门，机场门口的椰子树熟悉得可怕。我不敢多看，直接坐了轮渡去岛上。好像必须行色匆匆，才能不去想上次来的情景。

但是去岛上的轮渡上，我只能坐着，回忆止不住的翻涌起来。

上次来的时候，我和他牵着手，好像一直没松开过，在暑假和喜欢的人去鼓浪屿玩，还有什么比这个更棒吗？

我还记得，我们在船上用同一个耳机听着歌，阳光很强，把眼睛照得很晕，眼前的一切都带着重影，显得不太真实。

但是这一次到了渡口，我站在大批游客中间，或是情侣，或是亲子，独行的好像只有我。

可能在他们看起来，我是住在这里回来探亲的人，所以才对周围漠不关心的样子，还健步如飞，穿过层层的人群，头都不抬。

我没敢住之前住过的酒店，但是带着赌气的心态，我一个人选了更高价格的一家。在小岛深处，闹中取静，名字叫作黑檀酒店。

它没有大门，只有一个很高的铁门，要打电话喊里面的人来接，非常私密。甚至连无暇关心周围环境的我，都注意到了这里环境极美，院子里种满了粉紫色的蔷薇。

放下东西已经是黄昏。我拉开我的包，带上之前准备好的工具，一个老虎钳，准备直接去做正事：找到锁，撬了锁，然后回来休息。

结果，计划还没开始就被打乱了，在封闭的房间里，我止不住地抽泣起来。我的勇气好像在出门前用尽了，实在讨厌自己走不出来的窝囊样子。

于是，我跪在地上找出包里准备好的占边酒，喝了一大口。

很苦、很呛，好像一瞬间侵蚀了我的软弱。我也不知道哪里来的勇气，站起来拿起桌上的老虎钳就走出了房门。

三年过去，鼓浪屿并没有什么太大的变化，很多路我甚至依然记得。也路过了曾经进过的店，店门口他给我拍的照片还能在微信朋友圈里找到。

我又喝了一口酒，而且很快就咽了下去。天渐渐黑了，我要抓紧时间在太阳完全落山前找到锁，不然就要抹黑找锁，那样好像会显得我太落寞。

走着走着，到了环岛的沿海路了，铁链上的锁渐渐多了起来。身边还有不少情侣正在挂锁，并拍照纪念这一刻。

我带着很复杂的神情看着他们，他们也带着同样的神情看着我——查看着锁上镌刻的人名的奇怪女子。

可能是酒劲上来了，我对此全然不顾，还不断靠近挂着锁的栏杆，盯着找。

可是锁好多啊，我怎么也找不到写着我名字的那把。我努力回忆当时把锁挂在栏杆上的场景，但是那个画面模糊无比。

天色暗了下来，岛屿的晚风也吹了起来。但是浪漫是别人的，和我没什么关系。

我打开手机手电筒，又喝了好几口占边酒，不肯放弃。

那个和我挂锁的人走了，所以这把锁也消失了吗？那我还剩下什么呢？连最后撬锁的机会，和这段关系说再见的机会都不给我吗？！

这一串问题冲上脑海后，眼泪又来了。我用手背擦，怎么也擦不完。视线是看不清了，我只好坐在沿海的路边，想着不如哭一场，把眼泪流光再找吧。

没想到，我坐着哭。旁边的情侣以为我想不开，叫来了岛上的安全人员。

我正哭着，忽然有两人架起我两个手臂把我拉了起来。我起身那刻，老虎钳"咚"地一声掉进了海里。

"姑娘，别想不开啊。"拉我的人上来先说了这句很经典的话。

"没有，我不想自杀，我是来撬锁的。"我努力想回答得冷静一点，证明我并没有想不开。

"什么时候挂的啊？"

"2016年7月份，就在这里。"

"2016年啊，那别找了吧，去年挂满了又遇上台风，铁链都断了，现在都换新的了。"

原来锁真的没了，不用我撬，自己就断了。

后来，我好像酒劲上头了，也好像是知道不用找锁了，绷紧的心弦松了。总之意识开始模糊，被他们送回了酒店。

我吃完了那碟切片黄瓜的最后一片，昨晚的事也回忆完了。

真的有锁吗，应该只是回忆里的锁吧。

不肯撬锁的人，是我。特地跑来撬锁的人，居然也是我。

我笑了，觉得自己的行为有点可爱，跟一个已经不存在东西较劲。

我不确定自己回忆里的锁是什么时候就已经撬开了。

那过往的碎片记忆，我现在只记得那晚我们在鼓浪屿吵架，我坐在海边的栏杆上，死死抱着不肯下来。

海浪一直在拍打岸边，海风一直在吹，远处是郑成功的巨大雕像，被灯光照射着。

我说我回去一定要跟他分手，他也说一定。

后来，也许我们忘了，但是鼓浪屿一直记着，它的魔咒帮我们实现了彼此的誓言。

而且我一直觉得这个咒语是无解的。

周杰伦在鼓浪屿开了一家店，所以鼓浪屿整座小岛上基本上都放周杰伦的歌，有时候我甚至怀疑是不是周杰伦的歌就是鼓浪屿的魔咒本体。

但今天在鼓浪屿街头听到一句"你说把爱渐渐放下会走更远……"不禁想起《神雕侠侣》中情花毒的解药就是远在天边近在眼前的断肠草，忽然意识到周杰伦的歌或许能解除鼓浪屿的魔咒。

记得看电影《不能说的秘密》。

一个下雨天，叶湘伦对路小雨说我顺路送你回去，小雨问他，你怎么就知道顺路哦？

然后晴依也问过叶湘伦可不可以送她回家，他茫然到不知道说什么，转身就带路小雨去约会了。

可是路小雨从一开始就知道，他们之间隔着不同步的时光。

其实根本没有什么鼓浪屿分手魔咒，时光也不能穿越，很多结果早已注定，人与人之间能走到最后的一开始就是同路人。

我终于明悟：上了岸就不要在想海里的事了。

很多故事到最后只是相识一场

🌢
○

窗边浮起许多小黄花，每年都是它开得最好。

不过今年因为疫情，等人们可以出门时，就看到和它一起绽放的还有迎春花和连翘。

春天的第一波烂漫，少不了迎春花，灿烂的明黄色，是春日里的一道靓丽风景。

稍后开放的连翘，也是一串串小黄花，不过，连翘一般是四片花瓣，枝条为褐色，比迎春花高大。

迎春花多是六片花瓣，枝条绿色四棱，常常在路边开成一蓬蓬的花墙。

不仅仅是路边，小区里也是，公园里也是，这座城市的花好像都比往年开得旺盛了许多。

我就发现啊，很多植物都是开黄花，春时尤多。

我想，黄颜色的花可能是世上最多的花了。

昨天我低头走台阶，走着走着，突然发现两节台阶之间的缝隙里钻出一株正在盛开的小黄花。

虽然只是小小的一株，在空旷斑驳的台阶，却非常醒目。

在它目力能及的范围里，上方是台阶、下方是台阶、左方是台阶，右方还是台阶，坚硬单调的重复，单单它一朵小花。

可这样一朵小花让我感到羞愧，它从不忧虑自己的处境，长在哪里，就开在哪里；能开多久，就开多久；不用知道为什么要开，就是开了。

第二天傍晚我又来看它，发现小黄花已经被别人连根掘走了。

原来还有人跟我一样喜欢这朵小黄花啊。

但仔细想想又不对，占有不是喜欢。

喜欢花的人，一定会走很远的路去看花。

这两天去踏青，公园的草地上有许多小黄花，无穷蔓延。

记得上大学的时候，经常花半天的时间和很多同学去看樱花，回来的路上，低头也会看见许多这种黄色小花。

有时候，仍忍不住拉同学们蹲下来，仔细看很久，才觉得没有辜负那黄色小花的美丽。

那时候，时间没有这样的奢侈，可以用整个下午去看花、看草，待傍晚时分，才踏着夕阳的余晖，慢慢走回去。

　　一路上走走停停，摘一片叶子，或者几根茅草，一起大声唱《晴天》："故事的小黄花，从出生那年就飘着……"

　　那时候不知岁月漫长，也不知道故事的小黄花指的是什么花。

　　现在我终于知道了它应该是指蒲公英的花。

　　春天，在庄稼地的田埂上和马路边的草地上，有很多零零散散的小黄花，花型像极了微小版向日葵。

　　小时候，我总说它是菊花，我不知道为什么菊花春天就开了。

　　小朋友总是有太多问号。

　　现在我差不多已经忘了谁告诉我它们是蒲公英花了，也忘了谁教我如何把蒲公英吹远，忘了和谁比过谁采的花最好看……

　　就像蒲公英的花语是：停留不了的爱。

　　这种花代表了漂泊。

　　是啊，很多故事到最后只是相识一场，然后各自飘零，各自奔天涯。

　　对于我来说，并不厌恶漂泊的状态，但会一直记得最美的花始终是开在我家门前的。

　　比如只有家门口的油菜花热烈开放的时候，我才能深深感受到春天的到来。

　　大片大片的油菜花铺满田野，那一片片"灼烧"的黄是那么耀眼，那就是家乡最动人的风景。

等到油菜花谢了，蒲公英就多了起来。

我就是在那一年蒲公英漫天飞舞的时候离开老家的。

想要在没有任何熟人的地方逐渐纠缠、生根、发芽，最终长成包裹着的硬壳，再开出一朵不惹人注意的小黄花。

油菜花的花语是：想要的都会有。

那你想要什么呢？

我想要的是在心仪已久的城市中游走，去拥抱散落各地的老友，以及希望每个人都会遇见治愈自己的那朵小黄花。

没有新欢就是最好的暗示

○

记得很久以前，我还是在前任一个兄弟的微信朋友圈里得知他有了新的女朋友的消息。

那张照片，他把头发扎成了一个小辫子，橡皮筋上还粘着一个粉色的桃心饰品。

应该是他现在的女朋友跟他闹着玩的。

天还不算太晚，餐厅里也明明都开着灯，手机上的光却亮得刺眼。

我以前也对他说过，扎头发的男生好帅，他总说太娘了，不好看，而他现在却任由身边的女孩和他打闹。

真是让我又气又嫉妒。

照片上的女孩笑着露出了可爱的虎牙，脑袋歪倒在他的肩膀上。

想想曾经的我，也很喜欢把下巴搭在他的肩膀上。到哪里，都习惯挽着他的手，趴在他的身上，像一只考拉一样，时时刻刻挂在他身上才好。只是，现在这只考拉不是我了，这种感觉就好像心里有一场海啸，可我却一脸平静，没让任何人知道。

他们是什么时候在一起的呢？怎么一点没听说。是相亲认识的吗？认识多久在一起的啊，和当初追我的方法一样吗？不是说要和我结婚的吗？不是说好不会中途留下我一个人的吗？怎么转眼就换人了呢？

其实，两个月前，看到他把微信朋友圈签名改了的时候，我就预感可能会发生什么了。是不是情侣签名啊，有点像，又不太像。他以前说过不喜欢公开这些事情，觉得很幼稚，还说自己知道自己有多幸福就好了。不过他现在不是也公然秀恩爱了吗？

呵，男人都是"大猪蹄子"。可能是我不太了解他吧，是我一直以来单方面给他加了太多太多的滤镜。

"你很好很好，是我不够好""他是爱我的，他只是有自己的想法"……这样的独白每天过一遍脑子，我还真信了，爱情果然让人无脑。

他们散步会走之前他和我一直走的那条路吗？她周末也会陪他一起加班吗？

那他会不会有一秒突然想到我呢，哪怕只有一秒。

现在抱着这样的想法，真的好傻。

这一年来，始终抱着他会回头找我的想法。

现在终于明白了，在一段关系里，真正失恋只有两次。第一次是确定对方不是发脾气，不是开玩笑，是真的要分手，且无可挽回。第二次是看他有了新欢时，再彻彻底底又失恋一次。所以，看到前任有了新欢，我才真正意识到，不管我在原地如何慢慢舔舐伤口，他早就大步流星地奔向新生活了。

怎么流眼泪了呢，我还是放不下啊，虽然已经一年了。

唉，才一年，他连下家都找好了，他是不是当初就没那么喜欢我啊？

他把浑身的刺都给了我，就是为了这么温柔地去拥抱另一个人吧。而我这颗已经稀巴烂的心，在看到他们合照的那一刻，又被狠狠地抽了一鞭子。

唉，想想他也没有那么差，不然也不至于一年后才有新的女朋友。

只是，我还没有找到可以替代他的人，他都重新开始了。

爱一样东西的方法，就是意识到你可能会失去它。也是他和别人在一起之后，我才明白这句话的真正含义。

一直害怕这一天，而这一天终于来了，心里的大石头也放下了。

不用再时刻关注他了，就放下吧，也终于可以放下了。

其实，我也想好好骂他一顿，也不是没骂过，在姐妹面前痛痛快快地骂了他三天之后，没有多释怀，倒是也没那么恨了。

还好，现在那层情人之间的滤镜没有了，因为看向他，我眼里的光没有了，应该是专门为他而亮的那束光灭了。

他本来浑身都是光，但是突然有那么一瞬间变得暗淡，成为宇宙里的一粒尘埃。

我努力回想他浑身是光的样子，却怎么也想不起来，后来我发现那是我眼睛里的光。

因为他不过就是一个普通的男孩子啊。

人终究会为其年少不可得之物困扰一生。

我们啊，就是不太甘心。

其实对方一直没有新欢可能证明他还爱着你，但对方有了新欢就是不爱你最直接的暗示。

你是我发微信朋友圈的理由

 •
 ◦

"你说，有的人为什么就是不喜欢发微信朋友圈？"

好友小熊在电话里问我。

我一听她这话就闻到了八卦的味道。

果然，不出我所料，小熊正关注着一个男孩，整天就盼着刷到人家的微信朋友圈新状态。

小熊说，那是她在音乐群里认识的男孩，叫阿南。

群里说话的男孩很多，只有阿南引起了她的注意。

阿南微信头像用的是在学校里滑滑板的照片。

滑板少年，应该是很多人对他的第一印象。

或者说，又酷又帅，是很多人对他的第一印象，包括小熊。

小熊对阿南的头像充满了想象，时常在脑海里勾勒起阿南的模样。

加上好友后，小熊第一时间就去看阿南的微信朋友圈，却落了个空。

阿南并没有像很多人那样设置仅三天可见，但他全部可见的朋友圈倒也是几乎空白。

要我说，这样的男孩还挺奇怪的，给人很忧郁的感觉。

"我想追他，可他太神秘了，我不知道怎么做，而且有人跟我说不要追不发微信朋友圈的男生。"

我不禁好奇，小熊口中那个神秘的不爱发微信朋友圈的男孩到底是什么样的人呢？

听着小熊在电话里又是兴奋又是叹气，我决定怂恿她一把。

"把阿南约出来吃饭，我陪你一起去。"

小熊说："你开玩笑吧，这怎么行啊！"

"你再不约的话，别的女孩子就约了哈"，我语重心长地告诉小熊。

没过多久，小熊便向我发来了好消息。

或许不爱发朋友圈的阿南真的是心情不好，一听到邀约立马答应了小熊。

见到阿南那天，他穿了一件简单的白色T恤。

普普通通的一件T恤，也被他搭配出了自己的风格。

他坐在我和小熊的对面，时不时露出害羞的笑容。

我借机聊起他微信朋友圈的事儿。

"听说加你好友后连你的微信朋友圈状态都看不到，帅哥都不喜欢发微信朋友圈的吗？"

"就是，长得好看就多发点啊"，小熊在一旁应和道。

阿南不好意思地挠了挠头，说自己其实挺爱发微信朋友圈的，只是毕业后的生活太寡淡，没有东西发。

他就像在毕业浪潮里被浪花打中的人，一点都不特别。

"朝九晚五不好吗？"小熊一边对着饭菜拍照，一边问，"我每天都累死了。"

阿南苦笑，有些惆怅。

"下班一个人回到家有些不适应，我大学里的好朋友都离开了南京。坐地铁的时候总是想起和他们一起出去玩的那些事，现在就我一个人，很无趣。"

无趣，这个词着实戳了现在很多人的心。

这年头，不发微信朋友圈的理由可能是生活乏善可陈。

小熊随即向我使了个眼色，拿起手里的可乐，说："来干杯，以后我们一起玩。"

我立马碰了碰阿南的杯子，要他答应我们。

碰杯的时候我看着阿南微微上扬的嘴角，心中窃喜。

不说别的，阿南绝对被小熊治愈到了。

那天小熊带我们去了很多地方，小孩子的玩具乐园、傍晚的玄武湖以及深夜的天桥。

忙碌、急促，又丰富、幸福。

我们在多个地铁站转车，每到一个地方就要摆拍。

给阿南拍照的时候，小熊说："你好帅啊！"

这话阿南肯定听得多了，也不故作谦虚。

"我替我爸妈谢谢你的夸奖。"

小熊站在一旁，笑得花枝乱颤，扬言要把阿南的帅照发到微信朋友圈。

"有你的照片，我微信朋友圈肯定会收到很多赞"，小熊一脸坏笑。

分别前，小熊、阿南和我组建了一个微信群，随后小熊兴冲冲地把当晚拍的照片发到了群里。

照片里的阿南总是带着笑容，一点都不像是会在深夜伤心的人。

坐在回家的车上，我忍不住去想阿南有没有对小熊产生好感。

正当我发呆的时候，手机开始振动。

小熊在群里艾特我们："记得发微信朋友圈啊！"

我还在打字，阿南的消息很快就出现在屏幕上。

"我早就发了，哈哈哈！"

原来阿南在我们挥手告别后就站在原地，认真地发了一条微信朋友圈。

不同于以往，他发了九宫格照片。

偷拍的小熊，我们三人的合影，饭桌上的美食，路过的风景。

阿南在微信朋友圈写道："和你们在一起很开心。"

有点傻，也有点可爱。

我给他点了个赞，然后心满意足地关上手机。

我也不知道自己在开心什么，可能是被阿南感动到了。

他说生活无趣，总是陷入低落的情绪。

他明明不爱发微信朋友圈，却把小熊的照片发在了微信朋友圈里。

如果微信朋友圈是人类的后花园，小熊就是阿南花园里静静绽放的玫瑰。

为什么人们不爱发微信朋友圈了呢？

可能是没有遇到自己的玫瑰吧，朋友也好，爱人也罢。

但是不要太过隐藏自己，比如从来不发微信朋友圈。

这样当你遇到那个人，因为你太过神秘，让人望而却步。

你一定会遇到为你发微信朋友圈、让你想发微信朋友圈的人。

你是我发微信朋友圈的理由，也是我喜欢这个世界的理由。

第三章

◆
○

酷到睥睨天下，

柔到普度众生。

28岁的遗书

●
○

　　"我的死与任何人无关。"我曾经一度想用海子的这句话当作我遗书的开头。

　　大概从三四年前开始，我有了提早写遗书的计划，但一直未能成行。也许是受中国的传统观念的影响，我隐隐觉得这种行为多少有些晦气。

　　可我偏偏又容易遇到很多让自己心生此念的场合，比如我体弱多病，不会照顾自己，所以医院就成了我频繁拜访的地方。

　　一跨进医院大门，闻到熟悉又冰冷的消毒药水味儿，我就会想起写遗书这回事。虽然颈椎间盘突出、过敏性鼻炎、梅尼埃综合征都不致死，但这些小病都让内心敏感的我觉得自己罹患绝症，甚至突然猝死的概率会比普通人高很多。

　　还有乘坐飞机时，起飞或降落遇到气流，在空中被甩得七荤八素的我也万般后悔为何没有完成那封遗书。

如果飞机就此失事，我突然逝世那也太遗憾了！我还有好多身后事没有一一交代，好多心里话未曾说出口。但我懒惰的本性和好了伤疤忘了疼的陋习导致我最终未能完成那封遗书。

2020年伊始，全人类所遇到的一切，都让"遗书"这两个字越来越频繁地出现在人们眼前。

鉴于那句"你不知道明天和意外哪个先来"，虽然我刚刚28岁，身体也硬朗着，但还是提起了笔。

  亲爱的爸爸妈妈：

   "找到有花臂的那个成年女性，那就是我！"

   不好意思，想了无数惊艳的句子，妄想能让你们铭记很久。

   但最后还是选择这一句作为我遗书的开头。

   不论我以什么原因、什么方式，先离开了人生这场旅途，花臂都是我最容易辨认的身体特征。

   特别是在飞机失事、失踪等意外情况下。

   我还记得文身后回到家，外婆拽着我的膀子看了半天，也没怪我，只问文这个有什么用。

   那时候我一本正经地跟她说："以后要是我出了意外，面目全非，你们凭着这条膀子就能认出我。"

我记得她当时没说话，但心里一定觉得我在胡扯。一直以来，在她心里我都是个喜欢胡闹的小孩儿。

最让我感到幸福的是，你们都愿意让我用自己喜欢的方式活着。

小到选暑假兴趣班，大到选学校专业，甚至后来辞职去旅行，你们有过不理解，但总是觉得我开心就好。这是有的中国父母都无法做到的。

我长这么大，之所以能随心所欲、无拘无束，是因为你们给了我充足的支持和赞同。

拥有你们真好。对于至今为止都幸福的人生，我万分感激。

当然了，如果真的遇到了上面我说的那些情况，你们需要通过文身来辨认我，也挺好。

也算我没白承受文身的痛。

我想我还是太爱这个世界了，无法把自己的小半生浓缩为几个字或几句话。

更没法像川端康成说的那样："无言的死，就是无限的活。"

因为有各种牵挂，我害怕意外来临时一句话没说就走了。

当生命戛然而止，即使一切都是仓促的，我也希望对爱我的人有所交代。

所以生前就准备好了这封信，你们应该也不会觉得奇怪。

还记得我们一起看过的电影《非诚勿扰2》吗?

我一直把李香山当作人生偶像,他得了黑色素瘤,在活着的时候提前为自己开了追悼会。

说是追悼会,倒更像他和亲友们的插科打诨,十年前我觉得他挺逗,现在回想起来,他算是直面死亡的先驱。

我成长在避讳谈论死亡的年代,即便是现在,人们对"死""追悼会""遗书"这些词都异常敏感,讳莫如深。

可每个人都是向死而生,无法避让。

所以不必为我伤心遗憾。

与其等到死亡后躺在冰冷的床上接受别人吊唁,还不如趁活着好好与朋友叙旧告别。

很明显我没来得及为自己办一场追悼会,所以早早地写好了这封信,也算对你们有所交代。

生而为人,每日每夜都用力活着,当然离开也想温柔体面。

活着时凡事都要亲力亲为,但死了却要麻烦你们帮我执行遗愿,希望你们能完成我的嘱托,当作是帮我的人生做了一个完美的收尾。

关于遗产:

说来惭愧,我没存下什么钱,所以遗产没有什么,遗物倒有很多。

生命戛然而止，可能信用卡、花呗还没还完。

走了也不想欠债，希望你们能够帮我"擦擦屁股"，用我卡里的钱还就行，密码是我的生日。

遗物方面，值得被处理的只有书和衣服了。

我对这两样东西异常执着，喜欢买书，却不一定看；不停地买新衣服，却没穿几次。

所以家里放着几百本书和许多好看的衣服。

书就交给"大海"吧，以前我总是将书视若珍宝，舍不得借给他，借出一本还三天两头催着他还，这方面我是比较小气，这几百本书就作为对他的补偿了。

衣服都给图图吧，她身材和我差不多，以前去商场我们还一起买闺蜜装，她也一向喜欢我的风格，那些衣服她穿一定都很好看。

我还有一只猫，虽然我常年在外对她少有陪伴，但她身上承载了我不少眼泪和欢笑，因为我痛苦和狂喜的时候都会抱着她。

她是我的一部分，也不会随我而去，就拜托爸爸妈妈照顾她了，她能代替我陪在你们身边，指不定我的灵魂会寄托在她身体里呢。

关于遗体：

虽然一生小毛病不少，但还是希望那些凑巧能用的器官能让更多的生命延续。

所以几年前我就自作主张成了一名遗体捐献的志愿者。

不够，这件事必须征得直系亲属同意签字，才能够真正实施，希望爸爸妈妈成全我，帮我完成剩下的手续。

你们也不用担心，我只是捐赠些有用的细胞或器官而已，不会死无全尸的，剩下的部分全权交由你们处理。

我个人意愿是不想住在盒子里，我想被风吹走。

最后不能免俗，我要用偶像李香山在他自己追悼会上说过的话来结束我的遗书：

屡次被人爱过，也屡次爱过人，到头了还得说自己不知珍重。

辜负了许多盛情和美意。有得罪过的，暗地与我结怨的，本人在此，也一并以死相抵了。

好了，遗书写完了，该开始考虑什么时候死掉了。

不过至少我现在还没活够。

我觉得啊，只有坦然面对死亡的人，才能足够热爱生活。

每个女孩都应该剪一次短发

过年的时候终于下定决心剪了短发。

至于感觉，怎么说呢，也太酷、太爽了吧！

从理发店出来，整个人轻盈得像是要飞起来了。

不过话说回来，剪短发这件事，我也是经过了激烈的思想斗争的。

长发多方便，可以随心所欲地披着，或是绑成简单的马尾，或是扎个丸子头，变换起来毫无压力。

而短发呢，不仅考验头型和脸型，而且一不小心就可能被剪成"丫蛋儿"同款，剪完之后还要好好打理，不然乱成鸡窝，哪好意思出门见人……

可是一直以来，我都好喜欢短发的姑娘啊。

以前喜欢充满灵气的周公子（即周迅），在一堆大波浪卷发的明星里，显得特立独行；后来第一次知道房东的猫（中国内地女子双人唱作二人组合）就喜欢上了，温柔的小黑和帅气的佩岭，充满少年感。

想象自己剪了利落又干净的短发，细碎的眉上刘海，配上浅浅的妆容，好像也蛮不错的。

像我这种经常会犯怵的人，如果对一件事情很犹豫而当时又没有去做，那我以后可能再也不会尝试了。

一想到这里，又觉得好可惜。

就这样，内心的长发小人和短发小人打了好久，最终一咬牙、一跺脚，短发小人勉强胜出。

听人家说留短发是会上瘾的，只想越来越短。也不知道我以后会不会上瘾，反正现在是乐在其中。

朋友说，你还真有勇气，长发说剪短就剪短了。

后来，我仔细想了一下，发现当我真的决定做一件事的时候，就没了勇气这一说。那只是我想做、要做的一件事而已。

每个女孩都应该尝试剪一次短发。

把长发剪短，是下定决心地断舍离，开始的那一刻，就意味着再无挽回的余地；而从短到长的蓄发，需要时间和耐心，不急不躁，每长一厘米都是认真的积累和沉淀。

这个道理用在其他方面也一样，无论是感情、工作还是生活，都是相似的节奏。比如遇到错的人，要像剪掉头发那样果断离开。

不开心的时候，就会想着做点特别的事，比如到另一个地方躲几天，比如淋雨跑几千米，比如删掉微信朋友圈和微博里的所有记录……

人有时候真的可以被某种仪式感暗示，找到能说服自己重新开始的理由。

所以，如果一段感情让你觉得疲惫不堪，不如勇敢放手，然后剪个短发，自此之后清清爽爽，了无牵挂。

很喜欢《短发》里的一段歌词：

我已剪短我的发

剪断了牵挂

剪一地不被爱的分岔

长长短短

短短长长

一寸一寸在挣扎

长发是自己精心留了很久的，是心里很珍视的东西。

当你决定剪掉它，随着发丝落地，就会从心底明白没有什么放不下的，也就真的能够从头来过了。

把那个不对的人留在长发里，留在记忆里，然后大步向前走，去找到生活中更值得你在意的东西，才是重要的事。

学会接受无法改变的事情，但对未来充满希望。

记得在帮我剪头发的时候，理发师总是每剪一点，就会小心翼翼地问我这么短可以吗？真的要更短一些吗？得到我肯定的答复后，他才会安心地剪掉。

他说之所以这么谨慎，是因为之前也是给一个女孩子剪短发，但是她剪完之后就后悔了，当场大哭起来。

大概很多事情都是这样吧，当你期待太高，投入很多热情的时候，结果往往不尽如人意。

所以，做人很重要的一点就是接受那些未能如愿的现实。

生活中无可奈何的事情和被剪坏的头发一样，与其懊悔、痛哭，不如学会微笑面对，想想如何收拾残局。

当然，我们也要对未来抱有期待。就像知道头发会重新长出来一样，要坚信那些当下艰难的处境总会在将来得到改善，一切不过是时间问题。

把最难的时期撑过去，就会迎来全新的转机。

有想做的事情就去做。不尝试一次，永远不知道自己可以多酷。

亦舒在《曾经深爱过》里写道："有什么是我们自身可以控制的呢，咖啡或茶或许，剪掉头发抑或留长或许，除此之外，命运早已作出定论，人的面前，许多时只有一条路一个选择。"

长大之后，才知道人真正可以按自己喜好来选择的事太少了。但这并不意味着我们就不要去追寻热爱的事情了，那些内心想要做的事情，一定要趁年轻去尝试一次。

虽然不知道剪短发之后是美上天还是丑到爆，但是如果不去剪一次，就永远不知道自己留短发是什么样，不是吗？

这些年在路上遇到不少爱旅行的短发姑娘，好多都特别酷。

去年在色达的时候，住在一家叫唐夏无尘的青年旅社，"90后"短发女生唐夏既是旅社的老板，也是一名背包客。

因为喜欢徒步和骑行，而长发太不方便，所以她干脆剪掉。

在后来的聊天中才知道，她在2016年剃了光头，短发是后来慢慢长出来的。

骑单车去老挝、泰国，重走玄奘路，在冈仁波齐转山，去大凉山支教，徒步丙察察，穿越亚非大陆，登顶6189岛峰……

照片里的唐夏，顶着一头利落的短发，背着背包，拿着一台相机，在人海里穿梭的样子，真的是活得太热气腾腾了。

在电影《摔跤吧！爸爸》里，吉塔爸爸为了让吉塔和妹妹专心练习摔跤，决定给姐妹两个人剪短发。

爸爸说："生而为女孩，不是为了像个女孩那样活着。"

长大不是为了嫁给陌生人终此一生，也不是只能成为男性的附属品，而是要有勇气、有能力选择和主宰自己的未来，活出"我就是女孩"的魄力。

其实不管长发也好，短发也罢，女孩子不需要用外表、高跟鞋或是口红来获得身份认同，捆绑性别，拘泥于世俗之见。

愿每个女孩都有剪一次短发的勇气，勇敢活出自我。

长大是从喜欢吃苦味的东西开始的

每天早上九点刚过，打完卡坐下来第一件事就是烧水冲咖啡。

对我来说喝美式咖啡是每日工作的标配，就算再怎么困倦，一杯咖啡下去，精神也被强打起来了。

邻座的妹妹经常抱怨说："你的咖啡闻起来好苦哦。"

我笑着回了一句："你不懂。"

她真的不懂，别说她了，以前我也觉得喝美式咖啡或者浓缩咖啡的人都是为了装腔。

那时候咖啡对我来说是香甜的拿铁或者有榛果味的焦糖玛奇朵。

我不相信有人能接受不加糖、不加奶的咖啡，苦得如同中药一般，还沉醉其中。

几年后，虽然依旧接受不了浓缩咖啡，但美式咖啡已经成为每天没办法离开的饮料了。

这就是事实。有很多东西，你必须到了一定年龄以后才能尝出个中滋味。

比如苦瓜。说实话我是开始写这篇文章的时候，才发现苦瓜有另外一个名字，叫作半生瓜。半生以前，人俱觉苦涩难食；半生以后，才识其清凉甘香。准确到令我心颤，至少对我来说，也是过了小半生才开始接受苦瓜的苦味的。

我小时候最怕吃苦瓜，特别是一到夏天，外婆就会买很多苦瓜回家炒鸡蛋，我妈还会凉拌苦瓜，这些菜对我来说简直是刑罚。

她们告诉我苦瓜是极好的蔬菜，清凉解暑，养颜美肤，还能减肥，但我就是不肯吃，往往被她们逼着吃几口都来不及细嚼就"哇呜"一口吐掉。

我实在难以理解这个长得一身瘤子，比中药还苦的东西是用来吃的。

开始自愿吃苦瓜还是这几年的事，医生跟我说苦瓜可以养血明目，感觉视力日益下降的我不得已开始吃苦瓜。

但这一回，竟然不觉得苦瓜有小时候那么苦了，刚入口的苦味过后，慢慢嚼还能尝得出回甘。

那种又苦又甜的滋味，让我不得不怀疑是不是因为长大了经历的苦事太多，才觉得这味道根本不算苦。

不禁怅然，这算什么呢？一个小小的蔬菜竟然埋了人生伏笔。

就像陈奕迅的《苦瓜》里唱的一样：大概今生有些事，是提早都不可以明白其妙处。

只能感叹一句，初闻不知曲中意，再闻已是歌中瓜。

接受了苦瓜之后，我对苦的接受程度才越来越高，甚至开始喜欢吃有苦味的东西。

比如99%的瑞士莲黑巧，当时是想减肥又戒不了巧克力才选择了它。别人问我是什么味道，我意味深长地说，是失恋的味道。

它的真实口感是：第一口特别苦，如同嚼蜡，一旦化开，苦味在口腔里慢慢被至纯的可可味覆盖，非常香。

一开始是无法接受的，但慢慢习惯后，就明白醇正的巧克力是什么味道，然后会一发不可收拾地喜欢上，到最后就难以忍受甜腻的代可可脂的巧克力了。

就好比谈恋爱，苦过之后，才知道什么样的感情是好的，也不会随便被几颗糖骗走。

可能是中国人对苦有种特殊的情愫，不然我怎么总能从这种滋味中探寻出人生道理呢。

大人们说的先苦后甜，苦尽甘来，吃得苦中苦方为人上人，大抵都有这种意味。

小时候外婆总说我不能吃苦，我当时急冲冲地反驳她："有好日子过为什么要吃苦。"

可是做人没有苦涩可以吗？也许运气好是可以的，但这样的人生似乎不完整。

当我慢慢长大，能够接受更多的滋味，才越来越觉得酸、甜、苦、辣每种滋味都有它存在的道理。

所以我把能吃苦，定为了长大的一种标志。

当然，也不必强迫小孩子们吃苦。

过了半生，不用别人强迫，自己也会喜欢上这种滋味。

就像那句歌词所言：到大悟大彻将虎咽的升华，等消化学沏茶。

古着少女

最近突然发现身边喜欢"古着"的朋友变多了。

每次打开朋友圈，刷到的不再是满屏工装风、森系风，反而古着风居多。

我早先也接触过古着，但只限于出去旅游时顺道去一些vintage商店探个店，连个入门者也算不上。

可能大多数人和我一样，一开始都以为古着就是"二手"衣物。

其实古着是指在二手市场淘来的真正有年代的而现在已经不生产的衣服，且大多都是孤品。

现在的古着，可以看作是一种新风尚。

1

去年夏天我和闺蜜在杭州逛了好几家古着店。

起初只是觉得新奇，想去朋友推荐的那家店打个卡，没想到在那栋很平常的居民楼里竟然藏着至少十来家古着店。

我们的行程也从去一家店打卡变成在楼层之间不停地转换，其间还有不少和我们一样的人同行。

这是我第一次去国内的古着店，与我想象中的画面有些出入。

整体风格偏可爱，甚至第一感觉是走进了成人的"儿童乐园"。

简笔画式的门头宣传、熟悉的阿童木、可爱的面包超人……着实令人眼前一亮。

兴许是正值夏天，店内摆放了很多古着衬衫，我一下子就想到了菅田将晖。

记得之前他在节目里展现了他的一些"宝物"——古着针织衫和夏威夷衬衫。那些衬衫版型宽松，图案诡异，有的绚丽如油画，有的复古沉重，精细到每一个扣子都很讲究。

当然我觉得最主要的一个特点是，看起来很好看，但又真的很挑人。

我的脑海中有无数张菅田将晖的美照飘过，难怪他被称为"全日本最会穿古着的男人"！

2

在微博上认识的波点（昵称）和她的男朋友就是喜欢穿古着的

年轻人。虽然他们笑称自己买的古着可能是假货，但并不影响他们成为古着爱好群体的一员。

"之前买了一件古着，店主说是孤品。后来帮朋友卖衣服我发现一件衣服花色和那件古着一模一样，知道被骗了，我被我男友笑了好久……"

"我男友说觉得古着和别人不一样，他比较反人格，主流不喜欢的他就喜欢（我也一样），说白了就是爱装酷（我也是）。"其实，波点和她的男友正好是我喜欢的那类年轻人，会有自己的特点，有自己兴趣爱好，同时也极为真实。

在攀比风气盛行的年代，喜欢古着的年轻人甚至显得有些"佛系"。

他们并不在意自己穿的是不是名牌，也不会过度讲究质量，他们在意的是"我喜不喜欢""穿起来好不好看"……

就像我曾看到有的朋友在微信朋友圈晒出地铁上偶遇穿着旧衬衫的老奶奶的照片，然后打趣道："撞衫了。"

穿古着的人如此，古着自身更是。

3

随着古着文化的逐渐流行，在很多一二线城市，古着店的数量也多了起来。

经营古着店的人大多也都是古着爱好者，比如姗姗。

去年姗姗在南京开了一家古着店，店内很多古着都是她从日本、泰国淘回来的古着。

姗姗表示"古着不是大家常规理解的二手服饰，它代表着某一个年代和属于那个年代的主流或者非主流文化，在我心里每一件古着都在等待属于它自己的有缘人"。

一如她所说，古着具有年代感和独一无二的特性。

古着既可以有中古韵味，也可以带着美式卡通风，还可以是日本原宿风……

大概是2002年左右，姗姗开始对摇滚乐和网络论坛着迷，通过一些街拍穿搭杂志和论坛还有一些摇滚乐杂志了解到vintage。

那时候很多杂志会介绍国外的中古店和特定年代的服饰文化，姗姗由此萌发了出去看看的想法。

后来她频繁地去国外逛各种古着店、古着市场和vintage市集，每次出国都会带回一些精挑细选的东西。

"那些不仅是衣物，也夹杂着很多旅行中的点滴回忆"姗姗说。

"vintage的款式设计是最打动我的，是真正将设计感、剪裁、颜色相碰撞而生的好看的东西，古着穿搭最着迷的地方就是不同年代的碰撞。"

从小小淘宝店到元气刺青屋内的古着售卖区再到现在的晓立福

古着店，一切既是顺其自然，也是对古着的热爱使然。

开古着店并不只是出于商业目的，更多的是想要坚持自己喜欢的东西。

如果古着会说话，它们可能也会认同这样的生活态度吧。

4

有时候我在想，古着就好像美的本身，无论放到哪个世纪都很美。

如果要找个喜欢古着的典型代表，还是要提到菅田将晖啦。

我想，他们对古着的喜欢一定不单单是觉得"穿起来好看"而已。

坚持自我的个性、对喜欢事物的追求、认真而又随性的生活态度……都是古着爱好者们所拥有的品质。

我喜欢它厚重的历史感，还有那种穿过很多个年代来到我们身边的"努力"。

虽然我还没有拥有一件真正的古着，但它一定还在等着我吧。

没什么大不了

○

我住的小区旁边是一所高中，每天8点，被早操和教导主任的训斥声吵醒，像一个定时闹钟。

在这样的闹钟声中，回忆被拉到了2011年的高三。

那年夏天，高考在即，老师安排了很多自习课，每个考生都散发出背水一战的气势。

不过现在回想起来，高考其实也没什么大不了的，人生之后要面对的比高考更严峻的转折点还有很多。

只觉得经历过高考，自己确实长大了很多……

对于长大这件事，我是期待的。

午休课和同桌一人一个耳塞听歌，伴随窗外的蝉鸣，我的高中时代在那个夏天落幕了……

高中的时候我学习很差，看小说、早恋，具备坏学生的所有特质，高二期末考试全班倒数，数学只有45分……

高三开学前的那个暑假，我整夜整夜睡不着，总是趴在被子里看一整夜电影……

白天试着读一点书，但基本上没有读进去。也不怎么和人说话，也不怎么想说话，因为说的大抵跟高考有关。

一不小心把留得太长的头发剪得乱七八糟，幻想自己变成一只夏蝉，交配完就死去，不用面对未来。

有时候，我会在傍晚骑着自行车，沿着河一直骑到天空一点点暗下去……

那时我会思考如果明年没考上大学，我毕业乃至将来能做什么？

十年寒窗我都不知道自己学了什么，如果不上大学，我也不知道自己能做什么，可能会当一辈子的无业游民吧。

于是我暑假只在家里待上几天就飞也似的回到学校了，开始了我人生当中的第一次殊死一搏。

闷热的教室，总是坏掉的风扇，书桌、地上堆得高高的资料，铺开的一张又一张的试卷，朴素得不能再素的衣服，摘不下的眼镜……

坐在靠南的窗子旁边的日子，是我那个夏天最开心的时候，阳光高高地洒下来，大手一挥把染上墨水的窗帘拉上，藏在里面，那是属于我的小世界。

《金考卷45套》《天利38套》《金考卷百校联盟》《超能全考生》《笔刷题48套》，还有死活扔不下的《五年高考，三年模拟》……

100天后面临命运审问的18岁的我，就是这么度过的，想想也挺佩服自己。

现在虽然有大把时间，却总是怀念当初从早拼到晚的那种感觉。

高考前三天，学校放假，那天下午，我们在班里有个欢送会。

我还记得很清楚，结束之后，我和我前座的男生一起回家。

路上，我俩就在感慨，我跟他说："我好像没有办法想象没有高考了的日子，那种一觉醒来没有了信仰的感觉会是怎样的……"

他想了几秒，也表示赞同。

然后忽然就问了我一句："以后你会想大家吗，想上学的这段日子吗？"

我说："不会。"

他愣了一下说："你真冷血。"

我现在已经工作了很多年，也确实没有再想念过那段日子和那段日子里的人。

现在想起来确实是这样的，以前你觉得一定放不下的那些人和事，其实根本没什么大不了的。

也就是后来再遇见，有个共同话题罢了。

那天回到家，打开新闻联播，以收集时事热点作文素材为由放空自己，大概是5分钟，大概是10分钟。

然后我用钢笔和稿纸给高中暗恋三年的男孩写了情书，拍照片发给了他，但他没有回复我，不过这也没什么大不了的，我已经了却了一桩心事。

这些是关于高考前的最后一点记忆，想来那也不过是生命中极其潦草的一天，反正我也没有预料到未来几年是怎样的风起云涌，好像也没人告诉我怎么做一个成年人。

我以为我可以做天上半明半暗的云，结果成了大江大河里的一滴雨珠。

说来也怪，我们那座小城高考前必然下暴雨。

我高考那两天雨基本都没有停过，渲染了凄凉的气氛，暗示了人物悲惨的命运……

考场离我家不是很远，我和爸爸走着去的路上，爸爸对我说没什么大不了的，尽人事听天命，这就是一场普通的考试。

考语文的时候，突然鼻炎犯了，但是不敢使劲擤鼻涕，怕影响到其他人。别人的内心是想用更多的时间写作文，而我在想，出去擤鼻涕。

英语结束后，出考场，跑着、闪躲着、跑着……

不知被伞划过几次，忘了鞋子已然透湿，我走在回家的路上，兴奋加上对未知成绩的担忧，更多的是一小时后聚餐穿什么的困扰。

估分是在家里的催促下完成的，和自己的真实成绩一分不差，最后被可怕的分数线敲打得泪流满面。

哭着要复读，又被父母按着改志愿，由省外改成省内。

直到拿到大学录取通知书，那个夏天也快结束了。

或许我的青春也是在那个夏天结束的。

但是18岁那天后，我到了很多地方，看了很多人，经历了很多事……我才知道爸爸说得没错，高考就是一场普普通通的考试，只是这场考试的成绩过于莫测，会因为一个分数线框定了你在一个地方的四年……

不过，在这四年里你还是可以做自己喜欢的事，四年后你还是可以自由地去自己喜欢的地方。

原来，高考也没那么重要，一切的坏情绪都来源于把很多事情看得太重要了。

曾经我以为高考是人生最重要的事，过了高考，人生就没什么大不了的。

直到后来遇到了考研，我以为考完研，遇到问题就没什么好怕的！再后来才发现，人生刚开始，还有一道道槛都在后面呢……

原来这就是生活，跟我想象中不太一样！

十八岁之后，人生根本不会"哗"得一下子变得壮观美丽！

高考也根本不是人生唯一的出路，人生往往有很多出路。继续读大学是出路，不读也是，喜欢音乐喜欢运动也是……

很多事，没什么大不了。

墨菲定律

今天安慰了一个失恋的朋友，从男人是"大猪蹄子"讲到单身女人最好命，面对的是精彩世界的无数可能。

把她从泪眼婆娑劝到了激动地搓小手，仿佛左手吴某凡右手刘某然的画面已然出现在眼前。

她说："好羡慕你啊，永远都这么酷。"

我笑笑："等你像我这么大的时候，你也能做到的。"

但我是骗她的，我只是表面看起来很酷罢了。

目空一切的态度只是因为我对这个世界上的大部分事情都毫不关心，永远是事不关己高高挂起的态度。

但能触动我内心的那一小撮，总是让我输得一败涂地。

在工作时收到不喜欢的人的信息，我会淡然地回复一句"在忙"便没了下文，但会在洗澡洗到一半擦干手回复喜欢的人发来的信息。

跟聚会遇到的新朋友随意寒暄几句，别人会觉得我超有趣；面对真正想要接触的人却总是惊慌失措，以致对方觉得我太内向。

用来打发时间的交往对象能够轻松地说再见，而心中的那颗朱砂痣却事隔经年都难以释怀。

所以哪有什么酷呢，不过都是我不在乎而已。

我甚至觉得人生落入了什么可笑的圈套。

悉心照料的玫瑰总是在不经意间就枯萎，而随手从别处移来的一瓣观音莲任其自生自灭却越发茁壮。

那些随意经营的人生关系总是被重视，小心翼翼亦步亦趋的感情却如履薄冰。

后来我知道一个词叫墨菲定律，意思是：如果你担心某种情况发生，不管可能性多小，它总会发生。

出门没带伞就下雨，买了伞雨就停。

当你在车站等了很长时间，决定抽根烟时，往往刚点着，车子就会进站。

当你越讨厌一个人时，他就会无时无刻不出现在你面前。

当你越害怕失去一个人时，你终究会失去他。

……

墨菲定律告诉我们，越担心的事情，越会发生，如果一件事可能会变坏，那它终将会变坏。

所以你关心的事都像生日愿望说出来就不灵了一样，有什么心愿要默默地放在心里，说出来了，老天爷就知道怎么捉弄你了。

于是我试着保持冷漠，从友情到爱情。

小时候容易轻信电影台词，梦里梦到的人醒来就一定要去找他，如果相隔太远我也会打电话、发信息让他知道。

如今在手机里敲出一大段感动自己的话想发给对方，最后只是安静地留在了备忘录里。

有些感情，关心则乱，忍忍就过去了。

我有时候在想，我成为小时候想要成为的那类人了吗？

对一切运筹帷幄，淡然冷静。

答案是外表做到了，内心没有。

只有我自己知道，我还是和十几岁一样，面对在意的事、喜欢的人会惊慌失措，面对无能为力的事会号啕大哭，只不过一切情绪表达都从人前转向了幕后。

被哭湿的枕头，被自己咬破的下嘴唇，一夜一夜的偏头痛都让我知道，这些年我不是走得慢，而是原地转圈。

而人是趋利避害的动物，墨菲定律让我学会了下意识地躲开伤害。

别人看起来我好像变强了，只有我自己知道我只是怂，从未真正成长。

我经常叫嚣这个世界上能让我拿得起放不下的只有筷子，实际上那些我真正喜欢的东西，连拿起来的勇气都没有。

渐渐觉得自己像极了《破产女孩》里的MAX，对什么事都是无所谓的态度。我表现出自己不喜欢任何事物的样子，是因为我从来没得到过我想要的。

既然喝水都会担心胖，那我为什么不喝可乐？

既然拥有的都会失去，那我为什么不选择压根不想要？至少那样还能保持体面，不那么狼狈。

如果被我安慰的那位小妹妹看到我今天的自白，一定会对我很失望吧。她羡慕的那个人只不过是个胆小鬼。

在墨菲定律的操控下，我们根本不可能赢，但一定不要输得那么惨。

如鲸向海

送给大家一个关于鲸鱼的故事。

不长，很多人应该都听过。

很多人或许只听过一半。

艾力是一条生活在深海里的鲸鱼。

因为它的发声频率是52赫兹，而正常鲸鱼的频率只有15-25赫兹，显然它与其他鲸鱼格格不入，大家都认为艾力是一个哑巴。

它没有朋友，也没有家人，一直独自穿梭于寂寞辽阔的海洋中。

有一天，它路过一处荒芜孤岛。

那天天色渐暗，突然狂风巨浪，一艘船被打翻。

艾力在巨浪冲击中，救起一个小女孩，它轻轻驮起这个瘦弱的女孩逃离了海上旋涡。

直到夜幕降临，一切风平浪静。

从此之后，小女孩便跟着鲸鱼艾力一起流浪。

艾力带着小女孩去看海洋里的一切美景。

艾力一路歌唱，而小女孩居然跟着它的节奏轻声回应，陪伴它度过一个又一个日夜。

艾力开心极了，在海里游得更加畅快，它从未感到如此快乐。

它是世界上最庞大的生物，背脊是那么宽厚有力，以为自己一定可以守护最想守护的那个人。

可是天空中飞鸟，却从遥远的那一方带来了信号，原来渔民终归发现了小女孩，要将她带回渔村。

当分离的这一天终于到来时，小女孩紧紧地拥抱着鲸鱼，感谢它一路走来的陪伴和惊喜奇遇。小女孩恋恋不舍地坐上比鲸鱼大几十倍的轮船，向鲸鱼挥手告别。

鲸鱼沉默不语，留下落寞的身影游向海底，小女孩的眼泪一串一串地往下掉。

日子好像又归于平静，鲸鱼又开始了独自一人的旅行。

它独自游向更深更黑的海域，一路上遇见过风雨，也看到过彩虹，只是再也没有歌唱了。

它变成了世界上最孤独最寂寞的鲸鱼。

一年又一年，那个小女孩也长大了。

漫长的时间，渐渐模糊了她对艾力的记忆。

千禧年平静的一天，有人问她："你见过鲸鱼的尸体吗？"

"没有，我连鲸鱼都没见过。"她回答道，"而且鲸鱼其实不是鱼。"

对方沉默一会儿，然后问她："你说鲸鱼会哭吗？"

"……是谁告诉你鲸鱼不会哭？"她说。

"言归正传，"对方说，"我的一个朋友告诉我，他在村子外的沙滩上看到了一只搁浅的鲸鱼尸体，他还说那只鲸鱼临死前叫了一整夜，aili~aili~，声音就像在哭一样。"

"那……那只鲸鱼还在吗？"女孩一字一字地问。

对方指了指方向，说："还在的，那么大只鲸鱼，可是够附近所有的海鸟吃好一阵子呢。"

女孩没再搭理，只是顺着那个人所指的方向一步一步地走过去，她越走越快，越走越急……

女孩的脚步一寸寸推近，慢慢地，直到看见那条鲸鱼的眼睛。

它的另一只眼睛已经被螃蟹吃空。

女孩呆呆地望着它，恍而从它的眼睛中能看到些什么，恍而又什么都看不到。

大雾涌起，盖住了鲸鱼庞大的身躯。

那天之后，就没有人见过女孩了。

但因为是失踪，关于女孩的八卦一直在村子里流传着。

有人说，那天晚上看见女孩一个人划着船出海了。那天晚上有一场大风暴。海水是漆黑色的，天空也是漆黑色的。没有海鸥敢出海，所有的渔船都靠了岸……

也有人说，出海的时候看到被海浪打散的船板，大概女孩已经沉溺在深海里了。

还有离奇的，一个小伙子说每次出海都会有一只鲸鱼绕着他的船喷水很久很久，直到他的船快要靠近村子。

那是一只庞大沉重却行动轻盈灵活的宝蓝色的鲸鱼。它的身躯像果冻一样柔软而有弹性，缓慢地绕行在海面。

因为村里的老人曾告诉他那个失踪的女孩是从鲸鱼背上救回来的，所以他觉得那只鲸鱼就是那个女孩变的。

他给那只鲸鱼取名为Alice。

因为它的叫声是：ai~li~ai~li~

再后来村子以旅游业为主，很少再有人出海去打渔了。

那个小伙子也变得越来越不爱说话，只是每天坐在礁石上，望着海平面，期待Alice路过，可以再见她一面。

哎，它是那样的庞然大物，他又是多么年轻！

为了配得上这份心动，他成了全村唯一一个愿意再出远海的船夫。

很多游客都坐过他的船，他的话突然变得多了起来，很多人都听他一脸幸福地说过那只叫Alice的鲸鱼，但大家都以为这是他的营销手段。

事实上只有他自己知道，Alice会在夜深人静的时候偷偷浮上海面。

当月光在海面上洗涤星尘的时候，她刚好浮上来。

于是夜空染上了鲸鱼的背，灯塔的灯光让她喷出的水柱闪烁星光。

当这个庞然大物跃出水面的时候，会看一眼静谧的村庄和皎洁的月亮，然后在人们醒来时又偷偷潜回深海。

没人会发现它，也没人会留意它，但寂静的夜、明亮的月光、天上的星星会陪伴它，所以它并不孤独。

心里有想念，就不会孤独。

世界上最神秘的，藏在世界上最深处。

世界上最孤独的，藏在每个人心里最深处。

我始终相信"每个人都是一只孤独的鲸鱼"，只不过你可能太久没有回到水里。

可能某一个早上醒来，听到雨落下。雨水渗透屋顶瓦片的某一个缝隙，再滑落至大脑皮层。霎时房屋倒翻，海水灌入天空，你就变成一只鲸鱼，在人世间游走，无论惊涛骇浪或是风平浪静。

也许会有过往船只偶尔与你产生连接，也许你会迷恋某座岛上刚刚开放的一朵花……但终有一天你会追寻着某个声音奔赴大海的最深处。

海底的气泡，你没有见过，不知道有多美，也不知道有多危险。

只是有些人爱上了，便只能一直爱下去，再也没有退路可言。

如鲸向海，避无可避，退无可退。

成年人都在深夜朋友圈里崩溃

昨晚翻来覆去无法入眠，一遍遍无聊地刷着微信朋友圈，突然刷到一个朋友发的负能量消息。

虽然久未联系，我还是对她留意了几分。

第二天醒来，发现她把昨晚发的东西全删光了。

她的微信朋友圈设置半年可见，只有短短几条无所指向的内容，随便一翻，就到底了，毫无情绪。

其实，我很能理解这种行为，我也曾无数次在睡不着的深夜发一些很颓丧的文字，却又在睁开眼的第一瞬间删除。

黑夜好像一个潘多拉魔盒，把内心积攒的情绪通通释放，人变得感性而脆弱，而任由情绪流淌的时限也仅仅只有一个夜晚。

这些年，我的微信好友越来越多，而发微信朋友圈的频率却越来越少。

无形之中，我多了很多身份，也开始隐藏很多东西，负面情绪不再任意宣泄，诉苦也会点到为止。

偶尔深夜矫情，很少再发出矫情的文字，或者发完就删。

后来，我发现情绪的真实性以发出消息的那一刻为准，又以点击"确认删除"后结束，上一秒的感受能否从这世界上消除干净，无人知晓。

以前，我也会在微信朋友圈里宣泄一些情绪，发出去之后最希望的就是有人安慰。

评论里有人会发表情包，有人会简单问句怎么了，有人会鼓励加油……但这些评论总是让我感到失落，甚至会因为没人评论而更沮丧。

偶尔有人找我私聊，也不知道该如何去诉说，毕竟新朋友不知道旧脾气，老朋友不了解新故事。

其实，在很多时候，我都感受到了那种没有人会真的了解你的无奈。

当我眉飞色舞地讲述自己一段有趣的经历时，身边的人淡淡地回一句："还好吧，我觉得没什么意思啊。"

当我为宠物小狗的走失而消沉时，身边的人说："一条小狗而已，说不定已经被好心人收留了。"可他们怎么知道那份每天等我回家的陪伴呢。

当我失恋走不出而泪流满面时，朋友都劝我"这种渣男不值得你为他流眼泪"，可是他还在我心里啊。

我渐渐发现别人的情绪感知很难跟自己在一个层面上，我的天翻地覆，只是别人的稀松平常，于是不再情绪化。

马东曾说过一句话："人情绪的尽头不是脏话、不是发泄，是沉默。"

很多时候，我们看起来都很正常，会正常打招呼，正常说笑，正常去调侃生活中的一切。

可实际上，表面越是平静，内心越是积攒着许多苦水。

你也忘了经历过多少遍的被误解、被忽略，以致现在的你变得越来越不爱说话了，因为你害怕说出的话别人不爱听。

但更多时候，你更害怕说出来的话根本没有人想听。

所以，我不愿意表达，只想暗自决定。

当然，每个人也多少都会有可以安心倾诉的对象，比如我们的父母、恋人。

刚工作的时候，每天都会和爸妈电话视频，吐槽房东抠门、哪个同学找了什么样的工作、抱怨被老同事排挤……即使只是一些鸡毛蒜皮的小事，他们也会在电话的另一头听得津津有味，还时常给我出谋划策。

后来，我遇到的问题越来越多，连他们也没办法解决。

有一次，妈妈看到我发的一条类似生活好累的微信朋友圈后，半夜给我打电话，而那时的我正在公司加班，搅得混乱的思绪和没有解决的方案，在妈妈打电话的刹那全部崩溃。

面对我的无助和困难，妈妈唯一能做的就是不断地安慰我，甚至在电话里让我立刻辞职回家，其他全无办法。

之后的很长一段时间里，爸妈都像惊弓之鸟，从我的话里抽丝剥茧找到我过得不好的"证据"，并极力劝解我不开心就回家。

我发现，面对这种巨浪，他们不但不能帮我解决事情，反而会放大我的难过，然后和我一起难过，最后我得到的是双倍的难过。

所以，尽管现在爸妈总希望我能多告诉他们一些近况，我也只会选择报喜不报忧。真的不愿让他们和我一起感受生活一次次的锤炼和情绪的洪流。

其实，有时候很羡慕小孩子，哭和笑都是理直气壮的。

可当有人把我当小孩子的时候，我却又想维持成年人那一点小小的体面。也不希望自己糟糕的状态影响他人，和我一起难过。

后来，我想到一个办法，当我负面情绪太多，无处躲藏时，便选择去看悲伤的电影，那么难过或哭泣便都有了合理的出口。

事实上，哭完之后，我还是一如既往地刷牙、洗脸，玩一会儿手机就睡觉。

我想，学会隐藏自己的难过很重要，不需要把悲伤传染给其他人。但是更重要的是，要学会减少悲伤情绪，做个正能量的人。

难过的时候，就对自己说一句："算了啦，每个人都是吃过苦头的，我并不特殊，所以不可以把悲伤放大。"

我给自己涂上一层厚厚的保护色，对全世界设防。

但我知道，防的不是外来的伤害，而是帮别人防住自己身上的刺。

当然，情绪本身是有力量和价值的，生活从来就不是只有光鲜亮丽，承受过不甘和难过，才能成为一个更好的自己，所有辛酸和努力也都值得被记住。

打开微信朋友圈，似乎大家都过得很好。

事实上，哪怕是那些你羡慕的，看起来轻松幸福的人，也一样有来自生活的苦衷。

每个人都一样，在无人的街头，在黑暗的房间，在公司的厕所，在深夜的微信朋友圈里崩溃。

然后天亮就删除深夜发过的消息，与自己和解。

人是会变的

💧

1

在我很小的时候，爷爷喜欢带我到镇上转角的理发店理发，理发师傅也是一位老爷爷。

老师傅总是笑意盈盈的，和顾客的关系更像街坊邻里。

墙角的炉子上总是烧着开水，咕噜噜冒着水汽，水开了谁有空就帮忙倒到暖水瓶里。

理发店更像一个闲聊的茶馆。

人们最喜欢谈论的是自己坐着的那个理发椅，它已经老旧得不像这个时代的东西，木质的靠背破了一个大洞，用一个毛巾塞着。

听他们说，这把理发椅是老师傅的父亲留下来的，还是进口的，比在场的人年龄都大，里面不知道有多少故事咧。

依稀记得，小小的我坐在这个老古董上，看着同样老旧的理发柜镜子中的自己，充满了好奇。

2

10岁那年，我被爸妈接到城里上学，从此再也没在这家理发店理过头发了。

刚开始几年放假回去看爷爷奶奶，理发店里依旧人来人往，理发椅坐着人，炉子上冒着水汽。

陪爷爷去理发时，老师傅喜欢开玩笑说："好像昨天还流着鼻涕哈喇让我理发呢，今天就长成大姑娘了，哈哈哈。"

爷爷笑着躺下让老师傅刮脸，人们或坐在长条凳上或站着，像以前那样闲聊。

而这一刻发生的画面在我的脑袋里定格成了永恒，只是那时候我不曾意识到这就是永恒。

后来，听爷爷说，老师傅中风了，在一个下午突然就倒下了。惊慌中，人们把老师傅抬到李老二家的板车上，六七个人推着车把他送到了医院。

老师傅在医院治疗后勉强可以自理，但肯定开不了理发店了。

理发店关门不久后，新的杂货店就开张了，老板是老师傅的儿子。所以，那把老旧的理发椅和老师傅也都出现在店里。

只是，老师傅自己坐在理发椅上，神情有点呆滞，整日整日地晒着太阳。

老师傅去世那天，那把理发椅散掉了。人们说，东西用久了就有灵性了。

3

杂货店和老理发店一样，没有名字，来来往往都是相互熟悉的人。有时候遇到前来买东西忘带钱或是钱不够的人，老板轻轻一挥衣袖，让他下次再付。

除了人们常买的粮油酱醋，杂货店也卖健力宝，五毛钱一袋的干脆面和辣条。

透明玻璃的柜台上，老板有一本记账本，他快速地扒拉着算盘珠子，噼里啪啦的声音，让我想起了开水咕噜噜的冒泡声。

杂货店的四周摆满了商品，只有中间留出两人宽的过道，老板不是扒拉算盘就是在整理货物。

尽管他每天忙忙碌碌，维持着杂货店的运转，但杂货店还是被新开的超市逐渐替代了。

大超市商品齐全，但镇上的人却永远失去了那个满满的人情味和故事感的地方。

那年，我有一个梦想，长大后开一间杂货店。

4

前些年，小镇成了新县城，商业楼盘拔地而起，马路也变得宽阔干净。

离开小镇这么多年，我也没有开成杂货店。转角的店面现在又成了一家理发店，门头上写着"转角美容美发屋"。

我走进理发店，盘了一夏天的头发也应该打理一下了。

坐在理发椅上，年轻的理发师开始找我搭话，出于礼貌，我简短地回复着。我们从发质聊到当下流行的发型，最后他推荐办卡。

一气呵成的流程让我有些窘迫，我再三表示自己不在这里常住，小伙子才放弃推销。

坐在理发椅上的我很尴尬，这熟悉的地方再也没有了以往那种情怀。

转角的马路上，不时传来汽笛声，我下意识地看了下镜子。

不知道什么时候镜子里的那个人已经不想开杂货店了。

以上，絮絮叨叨说了这么多，回忆像是自己说给自己听的故事。

天下没有不散的筵席，转角的店翻新了好几遍，而碎片的人情往事都已经散去。有时我会想，长大，与我而言意味着什么。

走过很多地方，经历了一些事之后，在异乡陌生的孤独感常有，不经意的温暖也有。我还是偏爱有人情冷暖的地方。

长大，并不意味着可以随心，相反很多事情开始变得不那么如意，甚至让人感到吃力。

唯一不变的是不断改变。

人总是会变的吧。

我们十多岁有感悟的东西，到二三十岁的时候不一定有那样的认知。

很喜欢这样一段话：

"从前的她走路带风，行事高调张扬，笑起来眼角眉梢都是肆意跌宕的潇洒。怎么说呢？她放纵不羁，意往九天采星辰。桀骜难驯，策马看尽长安花。"

"那，后来呢？"

"后来……她行路不再敢逆着人潮，为人处事处处谨小慎微。不再有放肆的开怀，亦不再有凌云的少年意气……

"最难过的，也就是这样了。岁月悠长，山河无恙，但你我都不再复当年模样。"

柒 公 子 语 录

●
○

12 幸福的标准其实很简单。

做一个自己喜欢的人，

做一些自己喜欢的事，

跟志同道合的人做朋友，

跟兴趣相投的人过余生。

13　就算成为不了太阳，

　　　　但我知道这座城市的万家灯火，

　　　　总有一盏灯是为我亮着的。

14　使人感觉遥远的不是时间的久远，

而是那两三件不能挽回又无法忘记的事。

我们通常称之为"遗憾"。

15 以前总觉得走得足够远，

就能遇见想见的人。

后来我听歌只是觉得好听，

不是因为想念谁。

后来我旅行只是想要离开，

不再期待遇见谁。

少点期待，就多点快乐。

16

越长大越清楚自己想要什么，

也明白有些东西不那么重要了。

可爱的动物，

蔚蓝的海底世界，

黑色的城堡，

璀璨的星辰，

瓶子里的春天，

不那么可爱的爸爸妈妈，

以及小孩子的初心……

这些才是这个世界最难得的。

生活点滴温柔可爱，

都值得我们前进呀。

17 成长就是让你尝尽人世间各种味道。

碰到开心的事，生活就是甜的；

碰到不如意的事，生活就是苦的；

碰到无奈的事，生活就是涩的；

碰到生气的事，生活就是辣的……

碰到喜欢的人，他就是西瓜的第一口瓤，

是巧克力甜筒的尖儿，

是你喝完苦药后的满嘴糖。

18

坦然接受自己确实还不够优秀，

也还没有活成理想中的那个样子。

不要气急败坏了，再给自己一点时间。

不拔苗助长，只静待花开。

青涩的梅子，经时间酝酿出悠悠的梅子果香。

白冽的酒，被时间糖染成琥珀色。

再给自己一点时间吧。

请一定要变好喝哦。

请一定要变优秀哦。

请一定要变好看哦。

请一定要变强大哦。

19　女孩子要保持很多的热爱和一点点野心。

平时努力工作，

每年答应自己可以去两个地方旅行。

我们的人生，什么都可能，唯独不可能坐享其成。

20

长大，并不意味着可以随心，

相反，很多事情开始变得不那么如意，

甚至让人感到吃力。

唯一不变的是不断改变。

人总是会变的吧！

我们十多岁有感悟的东西，

到二三十岁的时候不一定有那样的认知。

21

我们一直在想未来是什么样的。

我们总是不甘平凡，

却又不知道这世界在未来给我们什么惊喜。

我们害怕失去，失去天真，失去初心。

这世界很奇怪，也很有趣，

我们都一样不知道前方的路该怎么走。

我们啊，剑尚未配妥，出门便已经是江湖了。

22　人生，就是接受"自己是平凡人"的过程。

因为我知道生命的意旨滚滚向前，

这是一个残酷又令人艳羡的事实。

凡人生活的河流才会奔腾不息，让人一边泪流一边享受。

但带着不后悔勇敢地奔赴未来，不也是一件很酷的事情吗？

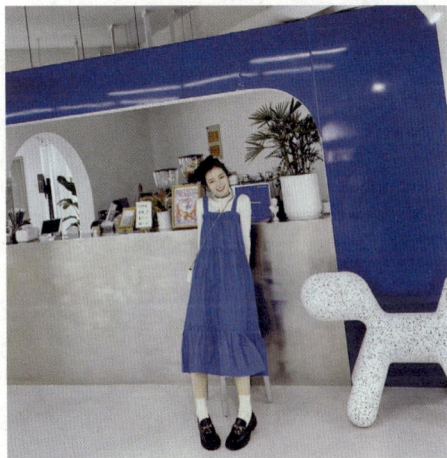

23 没人能够告诉你哪条路最好走，

也没有人能够告诉你哪里的风景最美。

路，好不好走，自己亲自走过才知道。

风景，美不美，自己亲眼看过才知道。

24　世界上什么事最难做？是不得不做，又实在不想做的事。

比如"让你在意的人满意"的一些事。

但这些事有时候却是最值得你去做的事，

因为人活到一定年纪，都是在为别人而活。

你肯定做不到让全世界的人都满意，

所以做到让你想在意的人满意就好。

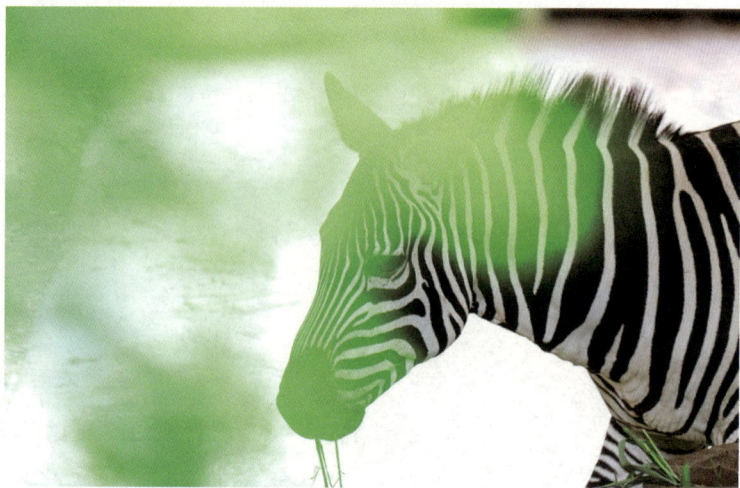

25　作为亿万颗星星中的一颗，

　　我要用力发光，

　　才不枉费来地球一趟。

26　这个世界上过得好的人，

　　都是懂得满足，

　　懂得自己让自己快乐的人。

◦

27 风尘仆仆地去见一个喜欢的人，

哪怕距离再远，

内心也是满怀着欢欣的。

◦

28 如果情话已经打动不了你喜欢的人，

那么就用行动来证明。

千言万语不如千山万水。

29　无人为我挡枪口，

　　就做自己的英雄。

30　未来藏在迷雾中，

　　叫人看起来胆怯。

　　但当你踏足其中，

　　就会云雾散开。

31　温柔的人走起路来

　　连步伐也是轻盈的。

32　当你最想见一个人的时候，

你就抬起头看看天空，

想着现在你们看着的是同一片天空。

那时候世界上所有的浪漫，

都不及这一刻来的心动。

33

你终会遇见一个人，

他会用整个人生将你精心收藏，

用漫长岁月把你妥善安放。

34　人必须独立成长、自我排遣，

不拿自己的负面情绪在爱的名义下打扰一个人。

35　以前我总是不想让别人看到我不好的一面，

现在我更愿意让别人先知道我不好的一面再慢慢发现我好的一面，

如果发现了我不好的一面还坚持下来那不是更庆幸吗？

36

我们大多数的不开心，

都是因为站错了位置，

做了太多自己不情愿的事。

不戴面具生活，

不讨别人喜欢，

不必出卖自己来调节气氛。

你可以尽情尽兴，

只要避免被讨厌就好。

每时每刻提醒自己：

人生不需要做那么辛苦的事。

37

不用太热情，容易糊；

不用太亲密，容易相互讨厌。

需要的时候出现一下，

但全过程温柔都不缺席。

这种相处再舒适不过了。

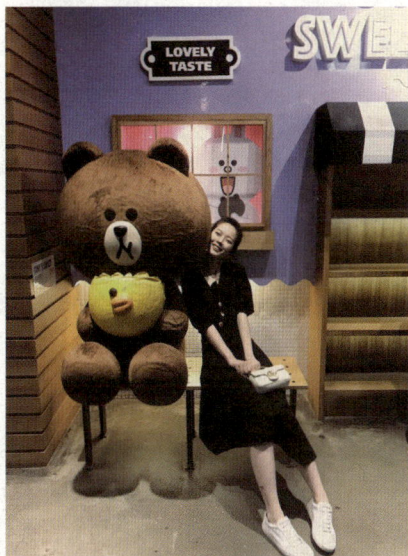

38　分开的人会再遇见，

遇见的人也可能还会分开，

人生就是不断地聚散。

只要以后能遇到更好的人，

我们的相遇就变得有意义。

39 人活着，总要经历感情这一关。

一个感性的人，

一定要在一座陌生的城市谈一场一个人的爱情，

才能失去软肋，长出铠甲。

40　每个人就像是形状不同的几何图形，

在布满碎片的世界中，

寻找着契合自己的另一半，

期待形成一块新的图形。

41　　一定是因为海面太宽阔，

才显得一个人的背影是那么孤独。

也一定是因为海水太深沉，

才显得一个人的悲伤是那么微不足道。

42 这世间的绿色，

它让我觉得

无论什么都有一线生机。

43　越长大时间过得越快的感觉也没什么不好的。

过快了，便珍惜当下；

过慢了，就更要认真体会。

44　　活得太清醒，是件不浪漫的事；

　　　　不深度思考，才会有轻飘飘的快乐啊！

让在意的人满意就好

●
○

我今年27岁，是个会喝酒的女生。

如果算上工作应酬、朋友交际、独自买醉等各种情况，基本上一个月喝酒2次，一年24次左右。

但二十几年的漫漫人生路上，我陪爸爸喝酒的次数却屈指可数，不过五六次。

大部分都得是我做了让他满意的事，或者是他需要我做他满意的事的时候。特别是昨天跟妈妈视频，她看我突然爆痘的脸，一个劲催我去看医生，而爸爸则在一旁淡然一笑说"别费那事，谈个朋友就好了"的时候。我意识到，这小老头可能是欠收拾了，该与他酒桌上见了。

刚毕业那年工作闲适，有大把时间给我浪荡，经常晚上约朋友出去喝酒。

我是那种被抱在怀里时就被爸爸用筷子蘸酒尝过酒香味儿的人，自诩千杯不倒，洋酒、啤酒一起上，在众人不省人事的时候，我还能霸气地说一句："断片是什么滋味？我没醉过。"

但酒量这回事，完全遗传了我爸。

那时候他经常因为我喝酒跟我吵架，对我的所作所为很不满意，虽然他自己经常喝酒，但不允许我喝，觉得我整日醉酒晚归就是"小太妹"，不学好。

当然，他说他的，我喝我的。

倒是这几年，喝酒对我来说变成了一件特别"人间不值得"的事，有点杀敌一千自损八百的感觉。

用那么几小时的狂欢换宿醉一整天，实在不是一件可持续发展的事。

特别是在好几次因为宿醉晕眩耽搁工作后，有气无力地躺在床上，大口呼吸间也是连夜发酵的酒气，我爸对我说的"喝酒误事"这句话才深深烙印在我心底。

我也希望，喝酒对我来说是一件惬意放松的事，浅尝辄止，微醺但不醉，不会酗酒失态。

现在这种舒适的状态，只有和我爸喝酒时才能享受。

和他喝酒，永远只喝六分醉，也只有这时候，酒才是好东西。

记忆里第一次和他喝酒，是我刚提了新车那一天。

作为他口中"刚毕业的小女孩"，买了人生中第一辆车是值得纪念的，于是他回家张罗了一桌好菜。

他晃着白酒瓶问我："姑娘陪老爸喝两杯啊？"

我一惊，还以为我听错了，毕竟几年前他还说我是小孩子不能喝酒。

我一边说着"我不会喝白酒"，一边把杯子伸了过去让他给我倒酒。

"会喝的，洋酒、啤酒都能喝，怎么可能不会喝白酒，今天老爸教你。"

听他说洋酒、啤酒的时候，记忆又被拉回了大学在酒吧里灯红酒绿那会，还有他因为我喝吐了回家在一旁训斥我的样子。

而现在，他却笑眯眯地在给我斟酒。

"天道好轮回"，我在心里默念。

那天喝的是52°的海之蓝，我端起酒杯抿了一口，尝不出味，再喝一口，慢慢咽，品一品，还要学他咂咂嘴。

他全程看在眼里，嘿嘿一笑，说我像小大人一样，还懂得品酒，其实那一年我已经25岁了。

我们爷俩一边喝一边聊天，不知不觉酒就见底了，此时，胃里暖洋洋的，整个身体发烫，意识还算清醒，但心里清晰地知道再来一杯就要吐了。

只记得最后他红着眼睛跟我说了一句："我就知道你能喝，小时候不让你喝是怕你喝多了被人家欺负，小姑娘家家的。现在好了，以后有人陪我喝酒了。"

后来我妈说那天我和爸爸都喝多了，倒床上就睡，澡都没洗，果真应了那句不是一家人不进一家门。

自打那次开了先河，之后逢年过节有时间便会与爸爸对饮几杯。

和爸爸像朋友一样喝酒，是无聊生活的另一种浪漫。

喝多喝少都没关系，彼此尽兴就好。

特别是在年后，送走了登门拜访的亲戚，家里还剩下不少为了过年特意购置的酒，而我又歇在家里百无聊赖，便陪爸爸小酌。

在风雪的冬夜，他用盐水煮上一盘河虾，用陶制的斗笠碗倒上一碗白酒，一边给我剥虾一边喝酒，我抿一口酒，眼睛眯起来，看什么都觉得格外温情了。

从小到大吃虾都是他吃头我吃尾巴。

"以后要嫁就嫁愿意给你剥虾的男人，像老爸一样。"这句话他从我17岁讲到了27岁。

他不知道，可能就是因为我听信了这句话，才到现在也嫁不出去吧！

给我剥完虾擦擦手，端起小碗与我碰杯，我头也不抬"啪嗒"意思一下就行。

因为一讲到剥虾，我就知道接下来他借着酒劲又要讲平日里不太敢催我的话题了。

以前看电影《剩者为王》，被盛如曦和她的父亲喝酒时情节感动得泪流满面。

"她不应该为父母亲结婚，她不应该在外面听什么风言风语，听多了就想着要结婚。

她应该想着跟自己喜欢的人，白头偕老的去结婚，昂首挺胸的，要特别硬气的，憧憬的，好像赢了一样。

有一天就突然带着男方，出现在我面前，指着他跟我说：'爸你看，我找到了，就这个人，我非他不嫁。'"

但说实话，那样的父亲只存在于电影里。

我爸喝了酒每每只会问一句："你知道你现在的头等任务是什么吗？"

上学时他也常常问我这句话，那时候我早恋，但嘴里总会回答着"是学习"，他才满意地点点头。

27岁面对他问出的这句话，我理直气壮地说："是工作！"

显然他对这个回答很不满意，一拍桌子说："错！是谈恋爱。"

我只能端起酒杯，一口饮尽，信誓旦旦地拍着胸口说："行，我记住了，老弟！"

在酒桌上他从来不骂我没大没小，应了那句"喝前小心翼翼，喝后称兄道弟"。

"等你找到给你剥虾的男人，老爸我就心满意足了。"这种带点肉麻的话，在酒桌上他才能开得了口。

之后因为工作忙，我不经常回家，能够与他推杯换盏的机会就少了。

也可能是我后来没有做过让他满意的事，甚至可能是他已经放弃了让我做让他满意的事。

世界上什么事最难做？是不得不做，又实在不想做的事。

比如"让你在意的人满意"的一些事。

但这些事有时候却是最值得你去做的事，因为人活到一定年纪，都是在为别人而活。

你肯定做不到让全世界的人满意，所以做到让你想在意的人满意就好。

于是有一天，我打电话给我爸说过年一定带一个让他满意的男朋友回家，陪他喝酒。

谁知道这次我爸跟我说，只要你对自己现在满意，带不带男朋友，喝酒老爸都奉陪到底。

可是啊，比让你在意的人满意更难的事，是让自己满意。

所以有时候还是让你在意的人满意就好。

第四章

无聊的时候，
不如去贩卖可爱

请一定要变好喝哦

●
○

　　蓝天白云的夏日，咸甘的海风从无际的大海飘来，穿过了安静的镰仓小镇，温柔隽永的情感堆积成海浪拍打着日子。

　　镰仓的四姐妹，熟悉的老旧的家，院子里母亲出生那年种下的55岁的梅树。

　　四姐妹守在这座亲人留下的宅院，一起互相打闹，一起在老旧的大房子里放烟火，一起制作梅子酒……

　　也是看了《海街日记》里四姐妹一起做梅子酒的场景，我才决定在这个夏天做一次青梅酒。

　　"请一定要变好喝哦。"

　　不做作地说上这一句好像就不算泡好了梅子酒。

　　穿着睡衣席地而坐，一边吹着风扇，一边整理青梅，很久没有这样细致安静地做一件事情了。

从网上商城订购了新鲜青梅，打开快递的时候，一颗颗梅子翠绿圆润，空气中充满清凉的香气。

用清水把青梅浸泡2小时，等待的时间总是那么漫长。

于是又把剩下的青梅放进袋子里，放一个苹果一起扎紧，等梅子捂黄之后做梅子酱。

洗干净的青梅晾干后，用牙签把尾部的蒂去掉，这个步骤不能偷懒，否则酿出来的酒有点苦。

然后给每一个梅子戳洞洞，这样有利于泡出青梅汁。

戳洞洞的过程完全就是一个自我创作的过程，我还在青梅上刻上了时间、名字，还有图画。

一切就绪后，将青梅和冰糖放入瓶中，然后倒入白酒，直到淹没青梅，最后盖好瓶盖放在冰箱里封存。

青涩的梅子，透明的蒸馏白酒，放在一起，夏天就有了故事。

夏天的午后，窗外突然下起了雷阵雨。

瓶子里的梅子在吐泡泡，冰糖也会慢慢融化。

梅子酒很神奇，限定季节的产物，酒不同，梅子的品种不同，泡出来的口感也截然不同。

静静等待几个月，等梅子全部沉到瓶底，酒呈琥珀色之时，便会得到无比惊艳的味道。

说来惭愧，从前的我都是要立即满足欲望，所以喝的梅子酒也基本上都是买的。

喝过最惊艳的是在云南大理古城里的梅子酒，味觉和嗅觉都记忆尤深。

不过，现在我每天都会看看青梅酒的变化，偶尔晃一晃酒瓶，犹如老朋友，对它说一句："请一定要变好喝哦。"

现在我可以静待3个月或是半年以后，再喝上醇香的梅子酒。

所以，剩下的就交给时间吧。

是啊，不是什么东西都必须立刻拥有，花时间等待一份值得期待的美味，会让人觉得这一切的等待都值得。

越长大越发现，很多事都是需要时间的。

想去的地方，想解锁的技能，想要的生活，并不会马上就能得到，只要保持努力，其他的交给时间就好了。

即使结果没有很理想，也不要觉得人生无望。

坦然接受自己确实还不够优秀，也还没有活成理想中的那个样子。

不要气急败坏了，再给自己一点时间。

不拔苗助长，只静待花开。

青涩的梅子，经时间酝酿出悠悠的梅子果香。

白冽的酒，被时间糖染成琥珀色。

再给自己一点时间吧。

请一定要变好喝哦。

请一定要变优秀哦。

请一定要变好看哦。

请一定要变强大哦。

三月杂货铺

等你很久

你还没来

我却已习惯了等你

　　　　　苏州·平江路　三月杂货铺

真的就是为了这三行情书才来苏州的。

第一次看到这句话就莫名地扎心，觉得这家店的主人一定有一段自己的故事。

沿着平江路闲逛，逛着逛着到了河对面的这家杂货铺，门口养着多肉植物，进店时老板正与他的客人谈论着他去云南时的经历，语气有些兴奋。

屋子里小而温馨，油画、明信片、银饰、干花等各有特色，里面有很多原创明信片都是他亲自设计制作的。

三月杂货铺老板很好，他说自己是在贩卖美好。

可是他在店外墙上却写着那样三行字……

你说，他是不是像极了那种电视剧里常演的"有故事的人"。

不错，他的确是个有故事的人。

你说巧不巧。

我只试探性地在"豆瓣"上搜索了"三月杂货铺"，只有一篇文章，竟就是老板写的关于杂货铺的故事。

"2017年三月份，厦门的小店正式转让了，宣布了维持一年的开店时光正式结束了。"

这是文章的第一句，后一句是："流浪的人终归要回到路上。"

杂货铺老板在厦门经营一个小店一年后，选择了关闭小店，再回归到旅途。

按老板的说法是："本想念起了守一家店经营一个梦想的时光，那种有落脚点的感觉。现在一切都没了，也没了任何牵挂。像是笼中的鸟儿飞向了天空，重新获得自由的感觉，一发不可收拾。"

后来，杂货铺老板一路去了很多地方，拍了很多照片。

穿越了撒哈拉沙漠，等到了摩洛哥的星空，漫步于印度加尔各答街头，乘了无座的火车，在泰姬玛哈的广场上赤脚躺过，在纽约时代广场一路自拍，流落墨西哥瓦哈卡的汽车站过夜……

老板说这趟旅途收获到的除了埃及的潜水证、热气球、旅途的种种人文风景，还有就是以前的想法发生了很多改变。

回国后半年，他思考了很多关于自身的现实问题，生活处处需要到钱，但他却没有稳定的收入来源。

2018年三月，他失恋了。

老板说这可能正是因为自己不靠谱、没有未来，所以他决定对自己的家人和未来的另外一半负起责任。

于是他开始寻找一个落脚点，重新开始经营一个小店，继续坚持梦想。

他考虑过凤凰古城的沱江边、大理的苍山洱海等很多地方，最终在朋友的推荐下去了苏州，被这里的水乡古镇气息深深地吸引住了。

"三月杂货铺"就这样于2018年6月8日在平江路正式营业。

老板也开始在这等一个人。

那天在杂货铺看了一圈刚准备继续出去走走，雨突然就落了下来，无奈只好在屋檐下避避雨。河对面的店铺门口也站着躲雨的游客。

人间下雨了，有的人等人送雨伞，有的人只能等雨停。

而我最讨厌的事就叫"等"。

等雨停后的晴天，等公交，等红灯，等下课，等排队轮到自己，等电影开始，等广告结束，等朋友来赴约，等别人回微信……

我等了那么多，最难等的是从一个人的心到另一个人的心。

有些人注定是等待别人的，而有些人注定是被别人等的。

等是把爱情和幸福架在某些自己划定的条件之上，没有什么平等可言。所以总有一方爱得深点，另一方则爱得不够深，爱得深的那方注定是要多承受一些的。

古龙《多情剑客无情剑》里的林仙儿，是江湖公认的"天下第一美人"。

她外表美，但她的心却一点不美。

她总以为自己很年轻、很美、很聪明，以为世上的男人都会拜倒在她的脚下。

所以阿飞真心对她好，她反而看不起他，认为他是呆子。

她喜欢折磨男人，觉得这是世上最愉快的享受。

越是她得不到的东西，她越想要。

李寻欢早已看透了她的真面目，几次设计欲将她除去，都被她机智地逃脱。

最后，阿飞终于醒悟，离开了她。

孙小红对她说道："你总有一天会发现，世上对你真心的原来并没有你想象中那么多，真情并不是用青春和美貌就可以买得到的。"

然而她曾经轻蔑的本已得到的东西，如今即使她百倍珍惜也永远失去了，剩下的只有悔恨和怨毒。

所以男孩女孩都要知道，如果你觉得有一个人对你有好感，想跟你进一步的时候，你一定要找机会给人家表达你的想法：拒绝还是接受。

不喜欢人家那就说清楚，不要骗人家给他希望，不要无限制地去接受一个喜欢你的人，对你的好，无限地索取，更不要利用人家的感情伤害人家。

明明白白地沟通清楚后，做个普通朋友就好。

如果你也喜欢人家，就别让人家等太久。

太久了，时间会偷走他所有的热情，好感会随着时间慢慢流失，不是越来越浓，而是越疏越远。

或许他还会继续等，不过应该不是等你，而是在等自己的心何时放弃罢了，因为没有谁会一直在原地等你。

所以，喜欢不喜欢都要早点明明白白说出来。

别让喜欢你的人等太久。将心比心，等的那个人实在太寂寞了。

有多寂寞呢？

李寻欢去看阿飞，想告诉阿飞其实林仙儿一直都在骗他。

他不愿阿飞再想这件事，忽然抬头笑道："你看，这棵树上的梅花已开了。"

阿飞道："嗯。"

李寻欢道："你可知道已开了多少朵？"

阿飞道："十七朵。"

李寻欢的心沉落了下去，笑容也冻结。

因为他数过梅花。

他了解一个人在数梅花时，那是多么寂寞。

太热情是会被讨厌的

我是喜欢下雨的。但我后来发现，我只是喜欢偶尔下一场雨。

如果雨一直下，下得太热情，满世界的湿润、朦胧，散发出一种腐烂味道，我就会开始期盼太阳了。

昨晚下起了雨。

关灯后，我捧着手机看电视剧，心想看完这一集我就睡。

我的窗边是阳台，种着很多花花草草，一下雨就会有很多小虫子周旋其间。

黑暗中我手机的光又给了虫子们目标与方向。

在虫子们的围攻下，我发出了尖叫！

自然界中的虫子，人们也许都不会觉得害怕，甚至无视它们的存在。

但是当虫子对人太热情的时候，人就受不了。

同理，人太热情也是会被讨厌的。

比如刚刚和朋友聊天，她说最近有个人在追她，第一次见面就猛夸她，然后说以后要约她出来玩，第二次见面就说自己买新车了要带她去兜风。

第三次，他们甚至还没机会见面，男生就在微信上问她在不在家，说给她准备了中秋礼物。

聊天的时候只要她不停止，男生会一直说下去。此外，男生每天都给她发送"早安""晚安"消息，情话不断。

朋友本来就是极度需要自由的人，不喜欢和别人过于亲近，可伸手不打笑脸人，所以她每次只能礼貌地默默终止无聊又无意义的对话。

男生对她着实过度热情了，这段关系还没开始就已经压得她喘不过气。

生活中，我见到任何人首先考虑的是"要不要接他的话？会不会嫌弃我太闷？会不会……"见到太热情的人更不知道怎么办，甚至无法应答。

工作的时候，我不想遇到张牙舞爪的恶人，但更害怕遇到和善可亲的人，以防有问题必须拒绝则必须面对他们的哀求。

一直也有和我关系还不错的人诚恳地对我说过"你要热情一点"这个建议。

但其实我已经尽力在工作时间内保持开朗了。

只不过我也知道自己的热情是很虚伪的，充其量只是不想让气氛尴尬或者让对方受伤，而表现出一点温柔罢了。

真的很讨厌别人对我过度热情，尤其是没有什么感情基础的过度热情，只会让我想自闭。

不知道有没有人看过《爱情公寓》宛瑜和展博外出旅行，因为展博太热情而招宛瑜讨厌的那一集。

我当时看不太懂，我觉得人家既然这么热情对你，就要得到同等的回报。

现在我懂了，什么都不是公平的。

你这么喜欢别人、对别人再热情也是你的事，别人喜不喜欢你又是另一码事。

以前我也动不动就对别人热情，而且别人稍微对我好一点，多和我说几句话，我巴不得把心都掏出来给人家看看。

等我再反应过来的时候，又开始骂自己活该，话怎么那么多呢？！我也明白了，大概是因为我太过主动、太过热情，所以对他来说我的喜欢，才不被珍惜。

我还是觉得，人和人之间相处，倚仗的从来都不是主动和热情，而是两个人都想互相靠近和了解。

在一段关系里，热情就是没用的啊。

想对你好的人从一开始就想对你好，不在意你的人也是从来都没打算在意你。

真正的朋友，不是需要我战战兢兢来维系和保持的，而是当他看着我的时候，我就知道我们是一伙儿的。

现在我宁可把我的热情放在养一些花花草草这样的爱好上。你不好好伺候，它们就病给你看、死给你看，你浇水太多、上肥过量，它们也给你摆脸色。

不会拐弯抹角，并且一举一动都有反馈，但又不涉及感情的互动，于是得来失去都不会大悲大喜。

现在我比较喜欢和寡淡清欢的人待在一起。

不用太热情，容易糊；不用太亲密，容易相互讨厌。

需要的时候出现一下，但全过程温柔都不缺席。

这种相处再舒适不过了。

万物都爱我，也都恨我不争气

●
○

我住的小区是老式的6层楼梯房。

一天早上出门的时候，看到住在对门的邻居正在打扫过道和楼梯。

"早啊，过道不是有专门的物业管理吗？"我问。

"没事，物业不能天天打扫。"

没有再多说，我就匆匆下楼去了。

后来，我又碰到了她好几次。

到最近我才注意到，邻居不仅打扫了自家门前的过道，连着我家的也一并打扫干净了，甚至连我们这层的楼梯她也是天天打扫。

回家的时候，稍微注意一下就能发现我们这一层的楼梯相比其他的要干净整洁多了。

如果不是接连好多次正巧碰到邻居在打扫，我也不知道什么时候才会发现她这善意的举动。

我们一直在忙这忙那，最容易忽略的反而是身边的小幸运。

记得读高三的时候，为了更好地照顾我，妈妈辞职在家陪读。住我们楼下的是一个老奶奶，独居，人很清瘦，但身子骨很硬朗。

那年5月份，她曾拦着我妈妈问我是不是快要高考了，我妈笑着说还有一个月了。

老奶奶说她家里有一个在九华山开过光的坠子，特别灵，要给我高考戴着。

我自然是不信神灵之说的，但是心里就是很温暖。

前几天和妈妈打电话，问她老奶奶身体可还好，妈妈说买菜的时候碰到了老奶奶，和她一起散步回来的。

原来老奶奶是去社区为抗疫捐款，捐了2000元。

老奶奶说："我有退休金不要紧的，而且这么大岁数了，也用不到什么钱，现在国家需要，我能做点什么就做点什么吧。"

老奶奶很可爱，对吧。

前些时候离开家来南京，老奶奶隔着门嘱咐我在南京不要乱跑。

出发前一天我还收到了小姨的口罩，她把家里所有的3M、KN95型号的口罩都给我了。

她说，老家没有感染病例，还是很安全的，有普通口罩用就够了。

其实，那个时候，所有的药店都已经买不到口罩了。

爸妈给我把行李箱全部套好袋子，也不知什么时候备好了雨衣、护目镜。

时间往前移，记忆里，很深刻的一次，我在左肩膀上文了一个文身。

我爸确实生气了，四十多岁的男人红着眼跟我说："在家我连菜刀都不让你碰，我怕你不小心伤着疼，你还非要遭那个文身的罪。"

我妈没反对，她说从小就希望你做自己喜欢的事，文身你真想清楚了妈妈也支持你。

后来高一军训的时候，被教导主任看到叫了家长，主任说："教导你看这是个好女孩儿该干的事吗？"

我站在门口，听我妈说："我会提醒她在学校注意一下文身，但是我和她爸爸呵护着长大的孩子，无论文不文身，都是个不错的孩子，麻烦老师了。"

虽然没有经历什么轰轰烈烈的大事，但好像我总是被身边的人安稳地爱着。

当然，一个人生活的时候，容易被负面情绪侵蚀。

就像白色情人节那天，心情有点低落，漫步目的地往家走。

到小区门口的时候看到了一只流浪猫。它一瘸一拐地，背上有一块毛已经脱落，是一只受了伤的可怜小猫。

它一定经常挨饿吧，因为它的腿瘦得快显出骨头形状。

可是，它却不怕人，一点点蹭着我的腿，喵喵地叫着。

我给它买了火腿和罐头，看着它吃完就又钻进了黑暗里。

那晚我的城市是阴天，月亮躲起来了，但小猫的眼睛好像那夜晚中的月亮，圆溜溜的，里面有光。

这束光，照亮了我的心情，希望这个偶遇的小生命一切安好。

很多时候，都觉得这世界真糟糕。

但有些人、有些事又会忽然让我觉得这世界好像也不赖，觉得万物都爱我。

也许是和朋友喝奶茶时，我突然号啕大哭，她温柔地抱住了我。

也许是和男朋友在相恋三周年纪念日讨论了一晚上婚后的生活。

也许是理发时，碰到一个眼睛圆溜溜的老奶奶，偷偷躲在理发师背后看我，说："这姑娘真水灵。"

……

其实，大部分人听过的最多的话就是"你要有出息，不要和那些人一起鬼混"，却很少有人提醒你"你看啊，你的朋友们好可爱，还有很多人都很喜欢你啊，今天的太阳真好啊……"

也许你现在仍然是一个人下班，一个人乘地铁，一个人上楼，一个人吃饭，一个人睡觉，一个人发呆……

　　但不要觉得没有某一个人的日子就没有爱和温暖。

　　其实还是有很多人喜欢你的啊。

　　你的家人、你的朋友、你的同事，他们每一个人都在用自己的方式喜欢你。

每一次遇见都有意义

◗
◦

站在南京高铁南站，目送小咪跟着室友通过安检远去。它从手提包里探出圆圆的脑袋，一直盯着我。忽然就想起了青山七惠在《一个人的好天气》里面写过的那句话："不管什么时候，事先预定的别离总是比突然别离更难。"

一个月前，我得知合租的室友要离开南京去苏州工作。

从那天开始，我想象过很多个分别场景。

到了真正分开的这一天，才发现自己没办法好好说再见，不是对室友，而是对这只小猫咪。

时间倒回两年前的一个晚上，下了晚班的室友从外面带回来一只流浪猫。

"路口看见的流浪猫，感觉它很可怜就带回来了。"就这样，小咪意外走进了我们的生活。

刚捡来的时候，它才两个月大，又脏又丑，小小的身体很瘦弱，好像再不吃东西明天就要死掉了一样。

室友在医院工作，常常忙到很晚，我们商量之后，照顾小咪的任务就落在了我肩上

一开始它很认生，连着几天躲在房间的角落不肯出来。

我很少凑到它身边去，默默送了几天食物之后，它开始试探性地靠近我，我们就这样一点点熟悉起来。

有时候，我在阳台晾衣服，它会悄悄走到我身后，一声不响地趴在地上。我惊讶于它突然地出现，双手抱着它的两只前爪把它拎到房间里。

有时候，我周末在家忙工作上的事情，它也会来到我身边，见我在忙，柔柔地叫了一声后，便自顾自地在旁边闭目养神。

有一段时间，我工作上压力很大，以至于常常失眠，一个人坐在床边，整晚整晚地睡不着。

每当这时候，小咪总是能察觉到我的焦虑，默默蜷缩在我的怀里，不动声色地陪我度过漫漫长夜。

和小咪在一起的时候，我的心里总是不自觉地涌起一种被信任感，内心好像渐渐膨化成了一朵棉花糖，变得柔软而充满耐心。

虽然说起来有点奇怪，但我不得不承认，被无条件的信任是一件令人满足的事情，哪怕对方只是一只猫咪。

慢慢地，小咪越长越大，躺在床头如同一只小豹子，食量也不断增大。

我一直以为，自己会把小咪一直养下去。

直到年后复工回南京，室友和我说起要去苏州工作，委婉地表达了想把小咪一起带走的打算。

我尊重她的决定，毕竟小咪是她带回来的，而且我当时的状态并不适合独自抚养一只猫，我给不了它好的生活。

于情于理，都应该由室友来决定它的去留。

那天我们在客厅里商量着小咪的抚养问题。

它一动不动地趴在旁边，很认真地听着，仿佛知道自己会被带走。在它小小的脑袋里，是否也为必须在两个主人之间选择一个而为难呢？我不得而知。

离分别的时间越来越近，小咪好像变得更加敏感。

室友在房间收拾行李箱，我帮忙整理了一些它平时用的东西。

大概是因为不想离开，它总是会时不时地伸出小爪子，挠挠我的手臂。

小咪离开后，我常常一个人在家翻看手机里它的照片。它睡觉的样子，撒娇的样子，虚弱的样子，活泼的样子……

当我看到这些照片的时候，才发现原来两年的时间那么长，长到可以让它从一只奄奄一息的小奶猫长成可爱又懂事的大胖猫。

　　我并不记得她具体的长相，只是记得她手里捧着的那本《绩效管理》。

　　那天，在微信朋友圈，我写了一句话：要是所有人都这么容易重逢多好。

我的男孩是可以哭的

○

"我中午不想去了""我好难受"。

收到男朋友发来的微信时，我正兴奋地玩着商场里的扭蛋机。

我们约好午饭时分在商场见面，去吃他爱吃的北京烤鸭。

太突然了。距离吃饭的时间还有一个小时。

我盯着他的微信头像，担心他是不是身体不舒服。

语音电话打过去，他点了拒绝。

那一刻我有些站不住，开始怀疑是不是我们之间出了什么问题。

但这只是猜测，毕竟早上出门前我们还好好的。

一分钟后，第二个语音电话打通了，一阵刺心的哭声传了过来。

男朋友正在哭。

我很是惊讶，甚至有些不知所措。

这是我第一次听见这么大的男孩哭。

一个身高一米八的大男孩坐在家里，号啕大哭，哭得话也说不清。

想到这个场景，我开始着急，恨不得立即穿过屏幕跑到他面前去。

"我坚持不下去了""我觉得自己很没用"。

他哭得像个没有拿到第一名的学生，重复说着贬低自己的话，不肯罢休。

我尝试放低声音，尽量让自己的语气温柔一些，安慰他："不啊，我觉得你超厉害的。"

没想到听了这话，他的反应更大了，声音也比之前大了好几倍。

"我这一章书就看了好几天""太难了，我真的看不懂"。

他哭得越来越凶。

"我不可能考过了，书看不完了"。

男朋友正在家里备考，而现在距离他正式考试只有十来天了。为了这场考试，他准备了大半年，每天下班回家后就窝在书桌前看书。

我甚至打趣过他，说他这架势比高考还努力。

但我没有想过，平常那个可以做我的靠山、帮我解决大部分难题的男朋友会为了考试而崩溃大哭。

果然，男生也有脆弱的一面啊。

一种无力感向我袭来，面对他的窘境，我好像什么也做不了。

在这段感情中，容易脆弱的人一直是我，男朋友始终是那个不会露怯的角色。

记得有一次，因为操作失误，我手机里的两万多张照片都消失了。

当时他就在我身边，我直接崩溃大哭。

我不停地跟他念叨着那两万多张照片有多重要，是我好几年的回忆。

他一边给我擦眼泪，一边查资料看有没有恢复的方法。

任凭他怎么劝说，我也不听，只一个劲地大哭。最后哭累了，我坐在床边发呆，他拿着温热的湿毛巾给我敷眼睛。

他说："这样眼睛就不容易肿。"

现在再想起这件事，真的觉得自己好幼稚，我怎么会那么脆弱呢。

就在男朋友放声痛哭的时候，我心里有了答案。

在喜欢的人面前，没有脆弱一说，因为那个人会包容你所有悲伤的情绪。你会哭，不是因为你脆弱，而是有个人在兜着你，让你敢于哭泣。

当我赶回家时，男朋友已经不哭了。

他笔挺地坐在书桌前，继续啃着他那本难啃的教材。

看见我的时候，他已经哭得疲惫的双眼一下子就亮了起来。

我说："你不要给自己太多压力，考试的机会还有很多。"

"今年准备了这么久都考不过，以后更不会了，我怕你看不起我，"他的语气一下子变得低沉。

"怎么会看不起你呢！"听他说完，我有点生气，觉得自己被误解了。

他大概也意识到自己没有说清楚，解释了一番："我不希望自己在你面前有什么失败，我觉得那很难看，我是男生啊。这个考试很重要，没有考过就没有底气换更好的工作，我不希望我们的未来是没有底气的。"

听完他的解释，我开始乐了："那你在我面前哭，好像也有点难看欸！"

他扑哧一下笑出声来，让我不要拿他哭开玩笑，然后紧紧地抱住我，像只小猫一样把头往我肩膀蹭。

我开玩笑说："不准用我的衣服擦眼泪。"

于是，他把我抱得更紧了。

其实，那一刻我特别想告诉他："既然是'我们的未来'，那就意味着所有的责任应该是我们一起去扛的。"

可能很多男孩子都像他一样，喜欢把很多重任往自己身上揽，哪怕自己已经疲惫不堪了，也不放弃。而支撑他们这样做的理由大概只有两个："我是男生"和"我爱你"。

这也许是长久以来的传统男性教育教会他们的事。

但一个人扛久了，也会累的。

所以，再想起男朋友在我面前哭的事，我感觉很幸运。在他放纵哭泣的那一刻，我们都抛弃了所谓的性别身份，回归到爱人本身，成为彼此最坚实的依靠。

如果有男孩在你面前哭，说明他已经把你当成最爱的人了，把最柔软的一面也展现给你了。

我爱的那个男孩，他可以不用顶天立地，受了委屈也可以撒娇、耍小脾气，可以哭唧唧。

男朋友生日那天，我们没有订数字蜡烛，而是买了一根仙女棒。

他拿着正在燃烧的仙女棒，开心得像个小孩。

我摆弄着相机，要他赶快许愿。

他说，早就许好了。

"愿望是希望你每天都比我开心。"

什么是爱呢？

分享我在网上看到的一段话：

小张受的委屈多了，老天心疼小张，就派小李点着小灯去点亮小张的生活，顺便陪小张开心到老。

我就像逛超市一样喜欢你

●
○

　　我是名副其实的超市爱好者，常常去超市买一大袋东西回家，冰箱里放一点，厨房里放一点，房间里放一点……鼓鼓的购物袋很快就空了下来，这些东西填满了唯有自己知道的家的缝隙。

　　在南京生活这么多年，每一次搬家，我都会选择离超市很近的地方。

　　超市总让人倍感亲切，亲切到仿佛觉得这座钢筋水泥的大城市都变小了，小到能闻到街头巷尾飘荡着的人情味儿。

　　纠结着可乐要瓶装还是易拉罐，上次想买的东西有没有打折，货架上七零八散的零食是否正合口味……

　　这里有柴米油盐酱醋茶，琴棋书画诗酒花，形形色色的物品间来来往往形形色色的人，足以撑起一个细水长流的清欢生活。

看人间烟火，看忙忙碌碌，这比什么都治愈心灵。

每一次心情不好的时候，我都会去超市逛一圈。

灯光下五颜六色的水果和蔬菜像是有生命的，冷柜里的果汁和酸奶排列整齐等待被选中，特价区有成箱的大瓶可乐和雪碧，玻璃柜中的面包暖烘烘的……每一样物品都与自己的生活息息相关。

慢慢走，慢慢挑选，仿佛与这些物品正在构建着漫长且稳固的亲密关系，在某些时刻令人心安。

那些熬夜、透支身体的罪，似乎可以通过购物车里装着的新鲜果蔬而得到救赎。

我还喜欢买东西的时候和老婆婆交流，向她们请教怎么挑选食材，问她们鱼怎么做好吃。

她们都会很热心给我解答，还帮我挑选。一个人在外的生活在这些时刻感觉很温暖，就像家人在身边一样。

那些穿着拖鞋和家居服的人们，慢悠悠地挑选、排队结账，听他们亲切的交谈声，也并不觉得自己是在离家很远的地方。

我最喜欢的还是超市的试吃，男女老少都会排队等着一份美味，吃到胃里，温暖而满足。

短暂逃避现实的时光还藏在了手撕鸡和牛肉盖饭的味道以及糖炒栗子的甜蜜里了。

那种陷在情绪里的孤独感被一点点稀释，且让人感觉全世界的不开心都可以放一放。

有人说，超市是都市青年的平价游乐园。

诚以为然，逛一圈超市下来，总能感觉元气回升，毫无压力，不需要买很多东西，心里也会满满当当。

沉浸在超市特有的日用品和食物混合的气味当中，如游乐园般拥有着触手可及的及时满足，这种小成本的快乐，接受得那么容易，庆幸自己有这种接受的能力。

我喜欢逛超市，也和我去一座城市最喜欢走那些很老的路一样，即使孤身一人也像周围挤满了人，热闹却不喧闹。

超市里每天上演着普通的人生片段，尤其是特别早或特别晚的时候，能看到各式各样为了生活奔波的人。

打折的货物前挤满了人，以前是老年人，现在也有不少年轻人。

有一次看到一个女生突然赌气把手里的冰激凌摔到了地上，头也不回地往前走。她的男友背着她的小皮包，尴尬地捡起冰激凌，匆匆扔进垃圾桶，又慌忙追上去。

拾不起的残留融化后不知所措地向着各个方向流去，很快就会被生活的步伐所覆盖。

那一刻我想，如果用一个下午心无挂碍地观看这些普通的人生两年时间又很短，短到我看着它和室友一起离开的背影，好像昨晚它才被捡回来。

想起之前在哪里看到过的一句话：与有些人的缘分，因为不可预见而被无限拉长；还有些人，因为看得见的截止日期注定戛然而止。

生活中总有很多意外的遇见，当它们发生时，我们并不会预测到日后。

如果没有当初的偶遇，如果少了室友那一瞬间的恻隐，或许这只小猫就不会来到我身边。

如果当初我像现在一样成熟和懂得珍惜，或许这只小猫会一直留在我身边。

我曾百度过关于"缘分"这个词的解释：它是一种人与人之间无形的连接，是某种必然存在相遇的机会和可能，包括所有情感。

很多时候，缘分这个东西很容易被我们视为理所当然。但事实上，每一次遇见都有意义。

生活中那些短暂的缘分，即便只是匆匆一瞥，也会带来惊喜。

去年夏天，我在地铁上遇见了一个姑娘。

同时段的地铁，同样斜对面的位置，我在八月初遇见了七月初见过的女孩。

片段，是一件多么美好的事啊！

和喜欢的人一起逛超市一直是我心目中温暖行为的前三名。

和喜欢的人在一起的快乐有两种：一种是一起看电影、旅行，一起看星星、月亮，分享所有的浪漫。

还有一种则是分吃一盒冰激凌，一起逛超市，把浪漫落地在所有和生活有关的细节里。

所以我喜欢拉着珍贵的人去逛超市，这就是就算虚度也不会觉得遗憾的时光。

以前看过一部电视剧，男女主一起逛超市，男主拿出一颗花椰菜向女主求婚。

如果我没记错的话何以琛和赵默笙的重逢就在超市吧。

两个人在购物的时候总会下意识考虑一个小时以后的晚餐，或未来几十年的生活。

不喜欢吃辣的人开始考虑买有辣味的食物，原本对某一种食物完全不感兴趣也会细致地去察看保质期，然后笑笑和你说："这个不可以放很久，所以你忙的时候要记得及时吃掉。"

我觉得好的恋爱就是渐渐有过日子的感觉。

人活着，不过是为了衣食住行。生活，也不过是为了给自己挑选衣食住行。

超市里每个物品、每个人都在积极地存在着，开不开心都去走一走，把自己扔进去，像投入了蓬勃的生命里。

最治愈生活的还是生活本身。

最浪漫的事还是和喜欢的人一起逛超市啊。

心里的小孩

男朋友终于收到了我给他网购的情人节礼物。

礼物在仓库待了大半个月，然后兜兜转转，又经历老家封城快递进不去等一系列操作，最后才到他手中。

拆完礼物，他激动得不行，立马打电话告诉我他有多喜欢。

我说："你现在兴奋的样子就跟小时候我收到小熊玩偶一样。"

他说："因为我真的好喜欢啊。"

我送给他的是一套乐高积木。

1

有次我们吃完晚饭，去附近的商场溜达消食。

他远远地看见一家乐高授权店，说想去逛逛。

到了店里，他兴致勃勃地跟我介绍起货架上那些款式，然后略微遗憾地说："我最喜欢的那款积木这里没有货。"

一听是他最喜欢的，我立马央求他告诉我是什么样式的，想着以后要送给他。

他也没多心眼，直接打开了某宝搜索给我看，我接过手机暗暗在心里记下了货号。

店面不大，我们却逛了很久。

我好奇地问："我每次看到图纸就觉得好难哦，拼着拼着就想放弃，你怎么那么喜欢拼积木呀？"

他一边摆弄着模型一边说："就是觉得很好玩，拼的时候还可以想象剧情，跟小时候过家家一样。"

像过家家？

我突然觉得他比我想象中还要更小孩子一点。

2

男朋友对玩具的执念胜过我对毛绒玩偶的喜欢。

他可以为了套餐附送的皮卡丘玩具坐半小时地铁去吃一次肯德基。如果店员赠送的不是他最喜欢的那一款，他会选择再吃一次。

每次他都会把买来的小玩具放在口袋里揣回家，然后跟我说："我有一个装满玩具的口袋。"

虽然他看上去好像很执拗，但更多时候我都觉得他好可爱。

他一米八几的大个子和可爱的行为显得有点不搭，就像成年人的躯体里住着一个小孩。

我问他什么时候才会把乐高积木搭起来，他回答"要等心情很好的时候或者心情不好的时候"。

玩玩具也要挑时间吗？

他倒是认真地跟我解释了一番："工作之后都没什么时间玩玩具了，每次玩的时候都希望可以专心一点，这样我才能好好享受玩具带来的快乐。"

我想，这并不是我男朋友独有的一面。

很多男生长大了还爱变形金刚，很多女生成年了也喜欢芭比娃娃，这一点都不幼稚。

3

在家的这段时间，我恶补了很多电影，甚至一天内看完了《玩具总动员》系列。

看着看着我就想，如果我的玩具也有生命会怎样。

儿时奋拉在我床头的那些玩具是不是也像胡迪和巴斯光年那样闹过别扭，是不是和好后也想着要好好保护我。

胡迪和其他玩具一直陪伴着安迪，深受他的喜爱，最后却逃不过被放进阁楼的命运，因为安迪长大了。

最后看到安迪即将进入大学，选择把胡迪和其他心爱的玩具全部交付给一个小女孩的时候，我红了眼眶。

自我成年后，儿时的一些玩具都被妈妈堆放了起来，她本想扔掉，但被我拦了下来。

其实安迪也和我一样舍不得扔掉儿时的玩具。

我们总以为长大后就不需要玩具了，然后努力奔赴成人世界。

可成人世界并没有想象中那么好。

在成人世界里跌跌撞撞、灰心失落的时候总会渴望一个拥抱、一句安慰或是一次陪伴。

然而，我们渴望的这些都并不会如期而至。

4

即使是二十来岁的人了，我过生日的时候还是会收到毛绒玩具。

好像在朋友眼里，我还是很需要玩具的陪伴。

我依然会把毛绒玩具放到我的床头，而这个行为的出发点就跟小时候一样——让它们陪我睡觉。

偶尔加班到很晚回家，打开房间的灯，看见玩偶瘫倒在床上，心里总有种被等待的感觉。

成年人的心理有时比小孩子还脆弱。

男朋友将搭积木视为减压运动，每每工作不顺心之余一定要把自己关在房间里玩半小时积木。

用他的话来说就是，玩玩具并不是在浪费时间，反而是珍惜现有的时间。

的确是这样。小时候玩玩具像是消遣，长大后玩玩具却是为了治愈。

你能确定在那些时间里自己做了什么，并且获得难得的满足感与成就感。

曾经听很多人去定义大人与小孩的不同，好像大人就该这样做，小孩就该那样做，界限分明。

可我愈发意识到，其实很多成年人的心里都住着一个小孩。而小孩的一面只有在真正爱着的人面前才会显现，可能是因为确信能够被理解和包容。

我问男朋友："那你每次搭完积木是什么感觉？"

他说："像是童年的城堡再次建成，我又做了小王子。"

我想，虽然岁月在不断磨平我们的棱角，心里的那个小孩却还是不想长大。

人总要长大的，偶尔发现有人愿意把你当作小朋友一样去爱，是一种奢侈的幸福。

遇到真正爱你的人，会感觉全世界就我没长大啊。

生活不允许普通人内向

◦

阿七是一条很内向的鱼，她害怕跟其他鱼接触。

这天她很不幸地被抓住了。她本来很拼命地要逃出渔网，但是因为太肥了挣脱不了。

她很后悔以前没听妈妈的话减肥。又转念一想，就算减肥成功，也有更细小的网等着她吧。

"世事如网，光改变体型有什么用。"于是阿七想开了，活着太难了，被渔人捕获了，未尝不是一种解脱。

然后阿七就开始想象渔人会怎么吃她，是清蒸，还是和豆腐一起炖，她希望是前者，因为她不喜欢豆腐的味道。

突然，阿七的眼中闪过一丝恐惧："如果渔人并不吃我，只是抓了我拿去市场卖怎么办？和那些陌生的鱼摆在一起不知道聊什么好啊。"

阿七越想越怕，越想越怕，最后她想到了解决的办法。

在渔人把她带回家的时候，她毅然决然地跳近了渔人家的锅里！

这个故事来自漫画《困在渔网中的鲫鱼》。

困在渔网中的阿七一点都不担心自己的"鱼身安全"，而是在不确定渔人是否会把它拿去市场卖的时候，就开始焦虑和那些陌生的鱼待在一起不知道聊什么好。

看着这条鱼，我觉得她太像以前的我了。

知道我曾经内向到什么程度吗？

看到人不知道该不该主动打招呼干脆假装没看到，害怕和别人对视，说话的时候不敢看别人的眼睛，不敢和陌生人聊天，很难融入群体中。

当众讲话、唱歌会发抖，面部肌肉会抽搐；吃饭不敢点餐，服务员态度差点，就会使我脸红，感觉自己出丑了。

去超市不敢试吃东西；去理发店剪头发完全不想跟理发师交流，只想着赶紧理完回去，所以理发小哥的商业推荐完全没用。

总想在人多的地方变成透明人，害怕别人窃窃私语是在说我，一定要戴耳机才安心。

就连上公共厕所的时候，听到外面有声音都要再蹲一会。

我真的好羡慕那种各种社交场合都应付自如的人，什么话题都能聊得来，迅速和大家打成一片。

我不行，一有生人的场合我就安静如鸡，不会说话，更害怕别人抛话题后让我接话。

之前看到有人说："世界上不同的人千千万，为什么要让我收起内向，假装外向？"

当时觉得说得真对，现在又看到一句话："生活不允许普通人内向。"

是啊，这才是现实！我本可以忍受孤独，只是生活不允许普通人内向。生活硬生生把我这个社恐患者变成了必须跟各种人打交道。

在一些社交场合，内向的人会被人说傲慢，也会被很多人说上不了台面。

我和你不熟，所以我和你没什么可说的。这么正常的事情在有些人看来："哎，××是不是有问题啊？上次大家在一起玩她都不说话的。"

最可怕的是，找工作面试的时候强迫自己健谈真的累。

"说出五个你的优点"或者"你有什么比其他人强的优势"这种问题，每次我都哑口无言。

大学毕业后，面试了几家公司，人事都跟我说："你太安静了，太格格不入了，我觉得你不能团队合作……"

当然更可怕的是，我做了销售。

直到现在，我都认为销售是这个世界上最令人害怕的工作。

我有个大学室友，属于外向型的，大学实习她带我去做销售，说是要我挑战自己。

然后受了一肚子委屈，感觉我空有一肚子文史知识，根本没有人理我。

而我那个室友和陌生人沟通起来就像喝水一样简单，尤其是在酒桌上得心应手，左右逢源，从开场聊到结束，自己没怎么喝，还把每个人都敬得服服帖帖的！

那些混得风生水起的女孩子们，哪个不是积极自信，明媚勇敢啊！

我之所有内向怯场，大概也是我不自信，认为自己不够优秀。

虽然道理我都懂，我还是像春夏说的"万物都爱我，也都恨我不争气"。

我始终不习惯把生活的点点滴滴暴露在众人眼前，不争气地只想待在自己的小天地里。

像海子一样，只关心粮食和蔬菜。

1989年，海子在山海关附近卧轨自杀，距今已经整整32年。

而《四姐妹》是海子自杀之前创作力最后爆发阶段的一首代表作，是一首完美而纯粹、饱含着绝望呼喊的抒情诗。

据他的朋友讲，这里的"四姐妹"指代海子爱过而又失去的四个女子，由于海子内向的性格和对自身生存处境的自卑，爱的情感只有在诗中才得到充分表达。

果然生活不把内向的人逼到绝境，是不会善罢甘休的。

只是，我以前还听过一句话，影响了我许久："内向不是一种缺陷，只是性格的一种。"

所以最后教大家一个社交技巧：每句话后面加一个"呢"字，长期坚持，你就会变得阴阳怪气，没有朋友。

再也不需要假装外向了呢！

这是我给你摘的月亮

我已经在夜空中看着空无一人的街道接近两个小时了。

原本热闹的城市里，看不到人来人往，也没有车水马龙，多的倒是觅食的流浪猫。

我好怀念人类总是把情感寄托在我身上的时光。

思念心上人的时候，他们会说："思君如满月，夜夜减清辉。"

他们还会这样和心上人表白："把路灯挂在天上，把月亮偷给你。"

其实啊，不管人类说什么，我都知道，月亮只是隐喻，所有本体都是心上人。

我好后悔啊，以前我总是故作高傲："我可承载不了你们人类莫名其妙的感情。".

像极了《小王子》里虚伪又做作的玫瑰，在小王子离开之际，一遍一遍地问："你真的要走了吗？"

所以，现在有人可以抬头看看我吗？我一定不再假装逃走了。

我会很乖的，只要你们抬头看我，就会发现我一直在跟着你们。

你们走，我就走，你们停，我也停。

唉……好孤单。今晚，星星也没有几颗，连个说心事的小伙伴都没有。如果再没人理我，我也走啦。

等等——啊，我好像看到一个小女孩从她的房间的破旧窗户里探出了小小的脑袋。

没错，她正眨着水灵灵的大眼睛看着我呢。

她竟然用手机给我拍了照片，我好意外，又好气啊。

人类制造出来的手机相机夜晚成像那么差，不行，我得赶紧使出全身力气发出最亮的光。

"在吗？出来看月亮"，她把我的照片发给了一个没有备注姓名的男孩。

哈哈哈，我在心里默念，快出来看我，快出来。

"喏，这是我给你摘的月亮"，男孩发来了这样一行字。接着，聊天记录里又出现了同样一款月亮。

此时此景，我发现如果不能一同看月亮，看同一个月亮似乎也不错。

我知道人类在等，等一切都恢复正常。

那个时候，就可以见到心上人了，他们一定会把月亮摘下来捧进水里吧。

水面弹起波纹，一圈一圈把所有藏在月亮里的想念，全都漾出来，对方就不会察觉到了。

就像有句话说得那样："我不看月亮，也不说想你，这样月亮和你都被蒙在了鼓里。"

其实，月亮什么都知道，但它会帮人类瞒尽心事。

月亮当然还知道，立春之后的夜晚，流浪猫会窜上屋顶。

其中有一只猫暗自操控着城市里的电线，做成网，捕一个发光的月亮，然后藏进小区的垃圾桶里。等同伴回来，这只流浪猫就会把月亮拿出来，漆黑的树荫也会变得亮堂堂的。

其实，我也没有那么万能，我也很普通。

我只是一个被陨石砸得坑坑洼洼的星球，反照率大概只有7%，大块大块低洼的平原，忧郁黑暗，被称为月海。我反射过来的光，很安静、很动人，足以照亮人类的夜晚。

我更不是独一无二的，我想告诉大家的是，世界上其实有两个月亮。一个是围绕着人类的星球，和星星、宇宙、银河一样，我们是温柔浪漫的本体；另一个需要你自己去寻找，你也不知道它长什么样，在什么地方。

而当你找到了生命中为你爬上月亮的那个人，他就成了你生命中的月亮。

所以啊，探出头的那个小女孩找到了自己的月亮啦。

他们一直聊天，消息发来发去，似乎一点困意也没有。

凌晨两点，我将月光洒进了女孩卧室未闭合的窗帘缝里。

窗帘掀动起来，洒进去的光就多一些，女孩单脚踩在那道月光上，快乐得想要跳一支舞。

她对男孩的喜欢啊，好像要沿着那道月光，从窗户那到我这，再绕回去。

日语里，喜欢的单词叫做すき(suki)，月亮是つき(stuki)，所以说每一个月亮都藏着一份喜欢啊。

"喏，这是给你摘的月亮"，当有人对你说这句话的时候，或许你就找到了那个愿意为你爬上月亮的人啦，那是属于你的月亮。

有空和我去看个星星、晒个月亮吗？月亮和星星没空的话，那我们就去路灯下站站，如果你有空的话。

第五章

祝这世界继续热闹，
祝我依然是我

我总不能辜负自己吧

○

我向来将上班视为生活里的一种小割裂。

那些对着电脑苦思冥想、挠破头皮的场景时常让我麻木。

到了窗外天空微微暗的时候，我内心会升起一种期盼。

这种期盼很像小时候等着放学，下课铃一响，从抽屉里拿出书包，当自己是有着风火轮的哪吒，头也不回地冲出校门。

期盼放学的人总比喜欢上课的人多，期盼下班的人也比喜欢上班的人多。

下班时间一到，大家的脸上也逐一洋溢出笑容，像是终于呼吸到新鲜空气似的。

踏出写字楼门口的那一刻，我感觉自己像是踩着云朵行走的人。

终于柔软起来。

1

从公司到我的家打车只需十分钟，起步价即到。

坐地铁的话却要绕来绕去，换乘两次，花上半个小时。

但我基本上都会选择坐地铁回家，拉长在路上的时间。

这种心态很像小学生在放学回家路上流连，路边一株长歪了的小草都会让他感到有趣。

我也的确为路边的油菜花驻足过。

那是长在幼儿园内的一丛油菜花。

幼儿园外边围着一圈防护栏，几株油菜花向天生长，像是在比个头。

还有一株油菜花探出了头，突破了那道孩童世界与外界的屏障。

我随手拍下一张照片，发给男朋友。

没过多久，他回了四个字过来：自由生长。

他的回复有点一语惊醒梦中人的意味。

原来我是被那几株油菜花自由生长的精神打动了。

想来也是，从小到大都在喊着"若为自由故，两者皆可抛"，长大了却不知"自由"是何物。

曾听闻有人打趣自己是自由而无用的灵魂，我笑了笑，然后想到自己。

我们所拥有的自由大多都是被限制过后的、自以为是的自由。

向往自由才是生活的常态吧，就像那株油菜花。

2

坐地铁的时候我很少玩手机。

坐个一两站路就得下车，然后走上漫长的换乘路，这样就会扫了刷微博或是聊天的兴致。

我不敢光明正大地盯着别人看，往往头靠着椅背，佯装疲惫的样子。

有次我看见一位"可口可乐男孩"。

他穿着印有"cocacola"的内搭T恤，身上挎着可乐样式背包，就连袜子也是相同的印花。

我觉得很好玩，想起一位喜欢百事可乐的老友，想象她在我面前吐槽可口可乐的样子。

其实我很羡慕那位可口可乐男孩。

能够随意地穿自己喜欢的东西一定是令人艳羡的吧。

我是个很在意别人目光的人，最直接的表现就是穿着上的小心翼翼。觉得自己皮肤不够白，看中的衣服颜色太鲜艳就忍痛放弃；卡通人物联名款的T恤对于上班族来说过于跳脱，买了也不敢穿……

外表如此，内心甚是。

平常做事总习惯性地去考虑这个考虑那个，想要获得所有人的满意。

也许我生活里百分之五十的沉重感来自这种自我苛求。

我在手机里建了一个名为"人间收集"的相册，希望下一次，可以遇见雪碧男孩、美年达女孩或是其他有趣的人。

结果今天就遇到了。

3

昨晚下雨，下班后选择乘坐地铁的人要比往常多。

一上车，我便被挤到了边角的位置。

坐在我面前的是一位病人。

她穿着厚厚的棉袄式睡衣，胸前挂着某医院的陪护证牌子。

只见她左手手腕上贴着白色胶布，微微弯曲，把雨伞夹在身上，然后右手翻动粘条，努力想要把雨伞折叠起来。

我说："我帮你弄吧。"

她抬头看着我，轻声说道："没事，我在锻炼自己的手，谢谢你呀。"

一时之间，我不知该如何回答，总觉得自己冒犯了她。

下车的时候，人潮涌动。

她侧了一下身子，用右手扶住放在座位边上的折叠轮椅。

我想，因为走动的人多，她担心轮椅倒了耽误到大家吧。

走在路上，我忍不住一遍又一遍回忆这件小事。

它并没有告诉我什么道理，甚至让我有些内疚。

我害怕自己在无意中散发出一种同情，害怕我的一个小举动有伤害到她。

但我知道她一定很快就会康复的，嗯。

4

下班后的生活太有意思了。

大家都在赶了一天的快节奏后有意放缓脚步。

说是人间百态，其实也不尽然。

不过，那一定是一天中最放松、最真实的时刻。

有次我靠着地铁车厢最边上的玻璃打盹，迷离之间瞧见坐在对面的中年男人用食指轻轻弹了一下靠在他身上熟睡的妻子，提醒妻子要下车了。

想起小时候和玩伴之间玩蹦脑门的游戏，从不用力，而是小心再小心，生怕弄疼了对方。

那位妻子像乖小孩一样醒来，然后他们手拉着手下了车。

我想，那天她一定很疲惫吧。

以前我对爱的理解与渴望就像那句话所说的——"疲惫生活里

的英雄梦想"。

如今，我觉得爱可以是疲惫生活里的英雄梦想，也可以是疲惫生活里的一点温柔。

遇见把鲜花插在背包一侧的女孩时，我满是欣喜。

忍不住跟在她后头拍了好几张照片。

真可爱啊，我小声地说。

也许她也是刚下班，还没扫去一身的疲惫就得赶着回家。

也许是买给自己，奖励自己一天的辛劳。

也许那束花是她在路上买的，为的是给自己一份好心情。

温柔的人走起路来连步伐也是轻盈的。

5

我很喜欢的一个博主在去年年底写了这样一句话："我开始明白生活有时候不需要你去思考，只需要你去感受。"

很多时候我也总是思考一些问题，企图扩大自己的认知范围，看见更大的世界。

现在才明白，想看见更大的世界要从身边开始。

生活需要我去感受，需要我与身边的事物擦肩而过。

二十一岁的时候，我便感受到了什么叫作"变得像挨了锤的牛一样"。

如今已过二十一岁，我接受生活是个受锤的过程。

但我知道，我还会继续感受下去，去憎恨，去热爱。

虽然不一定每天都很好，但每天都有些小美好在等我。

就像会遇见"可乐男孩""雪碧男孩""轮椅女孩"和"鲜花女孩"……人生总有不期而遇的温暖和生生不息的希望。

所以我怎么能辜负自己呢。

当时只道是寻常

◦

回家的末班车上，遇见了我小时候的邻居。

自从我初中毕业搬家之后，有十几年没见过他了，估计他快60岁了，但跟十几年前的样子没多大变化。

他见到我，倒是很惊讶，说我竟然都长这么大了……

我也是一愣，仿佛上次见到这个爷爷就在昨天，他借了辆板车给我爸搬家，还在后面帮忙推车。

当时自己还以为那不过是生命中普通的一天。

现在觉得搬家这件事，对一个人的影响是很静态的。

你可能要在很多年以后，才会突然回想起自己曾经在某个地方住了很多年，认识很多人，发生过很多事……

1

记得我七岁之前，还是住在城南很老的房子里。

那是小栋双层房子，每栋住四户人家。双排的，每排很长，大概有二十栋。

我出生那年中间几栋被规划成了立交桥，前后几栋仍保留，就被划分成了前村和后村。

前村门口有一大团很乱的黑色电线，从我家门口看去，它很像一个箭头，指向一条完全是被人硬踩出来的窄路。

沿着这条窄路一直走，就到河边了，而后视野忽然开阔，满眼都是树。

夕阳下的树冠一团一团、一朵一朵，层层叠叠、遮遮掩掩，像古代神仙画里的祥云，所有的曲线都没有终点，只会卷进更小的循环。

我常在爸妈下班之前偷偷去河边，但他们总是不放心，生怕我溺水了，而事实上我到现在依然不会游泳。

每次仰头看着树冠，都有一种奇特的生理反应，像那句"含泪的笑和含笑的泪"，我喉咙里压着一长串的"呵呵呵呵呵呵呵……"，不明白是哭还是笑。

最后一次从窄路回家的时候，天有点黑了，但有的人家的窗户还是暗的，原来已经有不少邻居搬走了，墙上的"拆"字我还没从语文书上学到，但是后来从来没有写错过一次。

2

我一点也不饿，因为下午卖蒸鸡蛋糕的人骑自行车来过了。

掀开白色的纱布，蓝色的塑料篮里有漂亮花纹的虎皮蛋糕。但是我很讨厌吃边上有点焦的那层，一般会喊住在我家前一栋的小伙伴钱倩一起买，她最喜欢吃外面那层皮，而我喜欢吃芯里的四面都是嫩黄色的鸡蛋糕。如果钱倩不在家，我会等别人把边上的那层都买走之后再出门买，我要吃中间的芯呀。

但是那天居然没人出来，自行车吱吱呀呀的声音一直在院子里转，逐渐变得越来越轻。

我赶紧从家里靠墙的八仙桌抽屉里抓了一把硬币冲出来，大喊"卖鸡蛋糕的，别走，别走！"他听到了我的喊声，停了下来。

不幸的是，塑料篮里是完完整整的鸡蛋糕，我必须吃最外面那层了。

但是那天的我仿佛感觉到这可能是我最后一次吃这种鸡蛋糕，于是把掌心紧攥的硬币排开放在他的白手套上。他果然切了角落的那块，包在粉色的纸里给我。

"谢谢叔叔，叔叔再见。"

他没说话，笑眯眯地看着我，然后跨上黑色的自行车，在吱呀吱呀的声音里越骑越远。我坐在对门的台阶上，把蛋糕边边揪下来，喂给了邻居家叫毛毛的狗。

3

走到家门口的时候，发现父母已经回家了。当我看到桌子上的抽屉没合上，很懊恼，肯定被他们知道我拿钱买零嘴吃了，晚上不好好吃饭又要被说了。我就做好挨骂的准备站在桌子旁边，表现出积极接受批评的样子。

"还知道回家啊，快来收拾东西！"谁知今天父母完全没有发现抽屉没关上。

如此幸运，一来二去等于白吃了一块蛋糕，我就有种窃喜的感觉，赶紧跑进里屋开始收拾东西。

木衣柜大开，里面的东西一点点被拿出来，放在纸箱里。

在只剩一个衣架很孤单地挂在里面的时候，不知为何，我钻了进去，还把门关了起来。视线一下子就暗了，自己的呼吸声也清晰可辨。

幽闭空间下樟脑丸的味道钻进鼻腔里，但我并不觉得难闻。

我本想等着父母来找我，就像捉迷藏一样，但是今天他们好像很忙，没空管我躲在衣柜里，直到有人从窗口喊我的名字。

4

"快出来，钱倩要走了！"是小松姐姐的声音，我一听她要走，立刻从衣柜里出来，飞快的跑去和昔日的小伙伴汇合。

原来钱倩家也是今天晚上要搬走，我们倚在墙壁上，在昏暗的路灯下说些有的没的。

介于年纪，不懂分别是什么，只记得说，门口的店过两天蝴蝶发夹就到了，我们怎么回来买？

小松姐姐上初中了，可以骑车去上学，那也可以骑车来接我们。

皮筋还是要跳的，流行的跳法我们要互相教。

我们约好了日后的很多事情，包括毛毛生小狗了第一只给谁养。

我说我要养，小松姐姐说我以后住楼房，它就不好出来尿尿，所以第一只狗要给钱倩。

我好难过，死活不同意，在离别的晚上我们还黑白配，包剪锤，争谁养毛毛生的小狗。

最后小松姐姐说算我们一起养的，养在钱倩家，但是我放学随时可以来看它。我们才同意。

5

直到钱倩的爸妈喊她走了，我们像以前各回各家吃饭一样道了别。

我也回家了，再次进门，看到我的小床已经空了，露出了很可怕的排骨板子。

全家福拿下来了，太师椅的垫子也拿走了。所有的家具都瘦了一圈，我忽然就伤心了起来。

"一会车就来接我们了。"爸妈发现我有点出神，示意我坐下。

我坐在没有垫子的椅子上，刚坐下，陌生的坚硬感让我立刻站起身来。我虽稳稳站着，心里却跟跄跄扑地了。

车来了，对门的小松姐姐在窗台上和我挥手，我捧着我的水仙花腾不开手，只能连连说着小松姐姐再见。

6

没有微信、QQ，甚至没有智能手机的小时候，很多人昨天还一起跳皮筋，第二天我就坐在长途卡车上望着窗外，不知离别不知伤感的离开了。

谁也不知道那是最后一次见面，我们的蝴蝶发夹，毛毛的宝宝，最新的皮筋跳法，都无法兑现。

但是一切如常，我在新的家新的环境里继续着我的人生。

反而在十几年后，搬家那天的事情才日渐清晰。

老家的格局、房间的味道、院子里的花草，我竟记得一清二楚。

后来，我时常回想起很多童年生活的细节，记起一些幼稚又细腻的悲喜，都发生在那栋老房子里。

故园的回忆太美，让人无所适从、无可奈何、无计可施。

只能在脑海里反复提及，脑补续集。

7

前天我还梦见小松姐姐骑车来找我，去看毛毛。

醒来才想起，那是十几年前的事了。

我好像已经十几年没有再见过小松姐姐了。

以前我总觉得世界很小，想见的人随处可见。

但我现在经常有这样一种的感觉。比如我去旅行，坐火车遇到的同坐，路过便利店买瓶水，去小吃店买个面……对于遇到的那些人，就会想"这个人我这辈子都不可能再见"。

想一想，真是有种奇怪的感伤。

很多时候人们回顾自己一生的那一刻才会明白，也许某个时刻你以为仅仅是一次短暂的别离，这个别离可能是主动的，也可能是被动的。那时眼见风云千樯，抱着花瓶道别那天，相当的平凡，只是，我们都没想到，这一别竟然就是永别。

当时却只道是寻常。

爱自己是终身浪漫

前几日整理微信朋友圈，发现"个性签名"那一栏赫然保持着几年前的状态：我是你房间里的月亮。

依稀记得以前很喜欢这句话，感觉浪漫又静谧。

也许那时候的自己正爱着某个人，想用自己微弱又温柔的光陪他度过幽暗长夜吧。

但隐约又记得这句话另有深意，于是再努力回想追溯一下。

我似乎一直对成为爱人的"月亮"有一种莫名的执念。

月亮不是恒星，不会自发光，它的光亮皆是反射太阳光。

嗯，真相大白了，总想成为月亮的原因，是想有一个小太阳能够在我身边发光发亮。

我在青春期看了太多伤痛文学，所以总觉得自己是不完整的残缺少女。也不是断手、断脚真缺了一块儿，更多的是心灵上的不完整，需要感情来填补，俗称缺爱。假装自己是玫瑰花，等待小王子来驯服；以为自己是一根漂亮的肋骨，一生只为了找寻专属于我的那个身体；还幻想自己是紫霞仙子，心上人会驾着七彩祥云来娶我。

说来说去不过三个字：被拯救，被温暖，被热爱，被呵护。

就像匡匡在《时有女子》里所言："我一生渴望被人收藏好，妥善安放，细心保存。免我惊，免我苦，免我四下流离，免我无枝可依。"

小时候刚看到这句话就被一下击中，感觉惊艳又温柔，默默地抄在了本子上，时不时拿出来看一眼直至倒背如流。那时候也看琼瑶写的小说，想做棵菟丝草，读到这样的句子就觉得很美。

好像一句话就写尽了我一生的渴望。现在略经世事，渐渐体会到这句话的不对味儿。

小时候渴望成为的竟然是一件物品，一只宠物，一根漂亮的肋骨。人生的终极目标是找寻亚当，靠近他，依附他，被悉心照料、妥善安放。说来说去，竟是想成为爱人的附属品。而不是作为一个完整的个体，独立存活在这个世界上。就像签名里写的一样，我只想做月亮，从未想过让自己成为一个发光发热的小太阳。

是什么时候梦想破灭的呢？

恐怕是经历过几次失望，辗转过几张双人床，才知道匡匡那句话还有下半句："但那人，我知，我一直知，他永不会来。"

　　这个世界上有太多暖暖的情话，告诉我们要等待爱情，找寻归宿。

　　仿佛既定规则就是，每个人在遇见命中注定的另一半前都是不完整的。我们把这些句子视若珍宝，深深牢记在心里，把找寻另一块拼图当作人生使命。可从呱呱坠地那一刻起，我们明明就是一个独立的个体，一个完整的人。

　　小时候学《致橡树》，文末赫然写着"朗读并背诵全文"。

　　因此讨厌透了这首诗，也琢磨不透它的深意。

　　长大后了解了爱情才明白，小时候读不懂的那些诗究竟在说些什么。

　　虽然我自己动笔见绌，但《致橡树》真真切切写出了我的爱情观，和我对自己所期望的男孩子的最高要求。

　　不需赘言任何东西，它已经表达了全部。

　　自此也想做一株木棉，站在橡树身旁，一起分担寒潮、风雷、霹雳，共享雾霭、流岚、虹霓。

　　仿佛永远分离，却又终身相伴。

　　我跟你肩并肩站在一起，不依附你，也不会攀附你，更不会一厢情愿地奉献或者施舍，我们共担风险，共享繁华。

　　每个人就像是形状不同的几何图形，在布满碎片的世界中，寻找着契合自己的另一半，期待形成一块新的图形。

　　有些原本尖锐的人凑到一起，变得很和气，也有些有着明显缺陷的人凑到一起，变得完整无缺。

　　但更多的时候，我们没那种运气。

　　遇见一个人，尽管难以严丝缝合，但仍要勉强拥抱。生活中尽是绊手绊脚的狼狈，却坚信必须在一起，似乎只有这样才能证明自己人生的圆满。

　　那些散落在世间的几何图形也应该知道，三角形就是三角形，不需要为爱上圆形而磨平自己的棱角。

　　人总要先成为完整的自己，才有资格去做爱人。

　　有能力爱自己，才有余力爱别人。

　　爱自己才是终身浪漫。

公交车的最后一排

💧
◦

在一本书上看到王俊凯说，他喜欢坐在公交车内最后一排靠窗的位置，戴着耳机，默默地看人上车、下车。

于是，我发现这个世界上有很多人像我一样喜欢这样的温柔。

喜欢在固定的时间坐在公交车的最后一排，看着窗外的风景和行人，偷偷地把手伸出一点去感受风划过指尖的愉悦，耳机里放着喜欢的歌……

这一刻，世界是我的，我谁也不羡慕。

这个习惯到底是什么时候开始的呢？

我也记不清了，大概是因为高三那年的很多个周末，我常常一个人从学校坐车回家吧。

我常常到楼下的站台坐上老旧的7路车，一直坐到终点站。

有时候坐车的人少，我会直奔最后一排靠窗的位置。然后自私地无视前面拥挤的乘客，暗自说，对不起大家，我只想坐在那。

我喜欢坐着公交车全城转，喜欢一个人看过往的人……

从终点站回家的路上，我会中途下车，从一架天桥的一头走上去，呼吸一下上面的新鲜空气（新鲜也不是因为干净，因为那是我不常到达的海拔），然后从另一头走下去，到下一站等下一辆公交。

我避免被人看到我的这种行为，怕被认为是神经病，也自以为那是一点点浪漫。

有时候下起雨，车窗玻璃的外层有雨水在弯弯地流淌着，内层则结了一层薄薄的雾，路上的行人行色匆匆又若隐若现，那是我更喜欢的氛围了。

于是，我希望公交车一直行驶，没有终点……

后来我到了陌生的城市，也在不知不觉中延续着这个习惯。

夜幕降临，坐上一辆车，霓虹闪烁，路灯像一只只微笑的蜻蜓，从我眼前飞过。穿过大街小巷，好像与这座城市的距离也拉近了很多。

但这些以前觉得美好的东西突然变得让我害怕。

万家灯火没有一处属于我，没有一盏灯是为我亮的，上车或下车结伴同行的人群，要么是恋人，要么是亲人，要么是朋友，而在这座城市里我像是孤独的爱丽丝……

一个人静静地坐着，打开窗户，同样是从第一站坐到最后一站，像是坐在一条飞行在城市上空的鲸鱼的肚子里，耳边只有海水的声音……

热闹是他们的，我什么都没有。

有段时间，我格外迷恋"喜马拉雅"里一个叫《写信告诉我》的节目。在车上把秦昊写给张小厚的那封信前前后后听了不下十多遍，还有陈粒写给春夏的，李诞写给蒋方舟的……

有时候我会想自己是喜欢这些人呢，还是喜欢他们写信本身呢，我也说不清楚。

或许我只是羡慕他们可以互相写信，用纸和笔表达心意。

而我连个想去的终点站都没有，因为我还不知道生活到底要对我这个二十多岁的小姑娘做些什么。

一年后我遇到了当时的男朋友，我们都租住在离公司很远的地方，要坐同一班公交一个小时，不过是完全相反的两个底站。

那天晚上我加班，他来我公司等我，说要先送我回家。

我们幸运地赶上了末班车，踏上车门之后，不约而同地走向最后一排。

坐下来不一会儿，我就开始犯困，他好像感觉到了我的倦意，轻轻地揽过我的肩膀说，睡一会吧，到家了我叫你。

我就这样把头轻轻靠在他的肩上，沉沉地睡了一路。

以前我喜欢异地恋，抱着手机甜言蜜语。可是那一刻，我想努力和他在一起，相互依偎……

不过后来我才意识到，在很多事情上都可以努力，但在人和人之间的感情上却不行，方向相反的两个人注定会渐行渐远。

我们分开后。在同一座城市，我再也没有坐过那辆车，也再没有遇见过他。

书上说，人不能错过两样东西，最后一班回家的车和深爱你的人。可它却没有说，如果不小心错过了，该怎么办才好。

也是过了很长时间之后，我才明白原来能遇到让你真正感到心安的人，是一件多么幸运的事情，遇到了就一定要好好珍惜。因为在我们短暂的一生中，并不是每一段路，都会有人陪你安心地走下去。

我曾经看过日本有个关于"一个人的车站"的故事，感动了很久。

在北海道旅客铁道石北本线上，有一个叫"上白滝"的车站。

3年前，由于乘客太少亏损严重，JR北海道计划关闭这个车站。但后来发现还有一名高中女生，需要每天乘坐这趟列车上下学。

于是他们决定专门为女孩保留下这个车站，但不设卖票设施，也没有站长。

直到2016年3月女孩毕业，"上白滝站"才正式关闭，结束了多年亏损的局面。当天，日本电视台直播了小站的关闭仪式，不少民众自发前来进行最后的告别。

这是一个很温暖的故事，每次想起来，都觉得能被世界温柔以待的人很幸运。

可是转念一想，我又有点难过，在这个小小的站台，只有一个人默默等车的那些年，女孩该是怎样的孤单呢。

其实，能够一个人坦然度过漫长岁月的人，大抵都有自己的一个小小世界，或者说，会给自己找一个小小世界。

那个世界可能不够大，可能就是公交车最后一排那么小的角落，却足够充盈，待在里面，会有满满的安全感。

甚至是难过到想哭的时候，也可以安心地悄悄流泪。

前面的人在专心开车，只留给我一个善意的背影，车窗外的人也看不清我的表情，光怪陆离的风景从我眼里掠过，没人会在意我哭了。

当然，喜欢坐公交车最后一排，也可能会遇见一些美好的故事。

有一次，我和往常一样坐在最后排的座位。

那天整个车子很空，零星的乘客散落在车厢里。

我注意到，坐在我前一排的是个学生模样的女孩。

在女孩上车之后的一站，公交车到站，广播里报着站名，走上来几个乘客。

车门即将关闭的瞬间，跑上来一个男生，他在车上环顾一周，发现了女孩的位置。

走到女孩身边的时候，男孩的呼吸还没调整过来。

"这些东西给你带着吃，不然路上会饿。"男孩喘着气说，"啊，还好追上了。"

我坐在后面不动声色地听着他们说了一会儿话。他们共用一个耳机，男生问这是谁的歌，女生说阿肆，放肆的肆，停顿了一会儿说，你喜欢吗，这首歌就叫《喜欢》。

下一站，男孩下车了，在汽车起步要走的时候，男孩站在车窗外，用手比着打电话的姿势，示意女孩到了给他打电话。

我坐在最后一排，像是坐在时间里。

三年前的某个夏天的深夜，天气很热，我和我喜欢的男孩坐在75路公交车的最后一排左边靠窗的位置亲吻。

现在我每到一个不同的地方，都一定要找到一个看起来很特别的公交站牌，然后走上一辆路数是自己喜欢的数字的公交车，还是坐在最后一排的最左边，戴上耳机……

它通往一个我未知的地方，最后原路返回。

我总是在想啊，要是时间也能原路返回就好了。

喜欢也是有保质期的

●
○

年前离开南京的时候买了一盒酸奶，想着过几天就回来，便没有及时喝掉，直接把它放进了冰箱里。

结果，几天变成了1个多月，等我再次打开冰箱的时候，酸奶已经过期11天了。

我继续清理冰箱，才发现很多东西都过期了，只是平时没注意。

保质期只有180天的酱料已经过期2个多月，被遗忘的面条过期15天了，做蛋糕的可可粉也过期了8天……

最后清理出一大袋子过期的东西。

清空冰箱后一直没有再去采购，所以我去了一趟超市了。

和男朋友来到超市的时候已经有点晚了，但还是有很多人。

大概是晚上的缘故，很多商品都在打折促销，人们三五成群的围在打折区域选购。

其实，不止大爷大妈会排队买打折商品，有很多年轻人，会特地晚上过来买打折商品。

能物美价廉地买到还在保质期限内的新鲜食物，对于在大城市刚刚起步的年轻人来说何尝不是一种善意呢。

路过酸奶区的时候，促销员说："美女，鲜奶打5折，可以买一瓶，很划算的。"

我看了一下保质期，还有3天，这样一大瓶鲜奶，我确定自己喝不完，就笑着拒绝了。

其实我是个很喜欢买东西、囤东西的人，但经常忽略保质期这件事。

直到朋友和我说过，在货架拿东西的时候要拿最里面的，因为日期最新鲜。然后我就开始关注保质期这件事，后来买东西不再那么盲目了。

比如这瓶打折的鲜奶我不会买，也不会再一股脑买一堆保质期很短的食物。

因为，要在很短的时间内告诉自己把它们都吃掉，美食也成了一种负担。

所以，每拿一件东西，我都仔细查看了生产日期和保质期，确认没问题后才放进购物车里。

推着购物车逛遍了超市的角角落落，这些琳琅满目的商品，被搬上货架的时候就已经有了自己的保质期。

在酒类区域发现有一些酒是没有保质期的，有些则是10年、5年、3年不等的保质期。

其实，这些经过发酵的酒类，在尘封的酒窖或橡木桶里越久越迷香。但当它们被搬上货架的时候就有了保质期，而这个保质期又叫作最佳赏味期，过了这个期限酒味会变淡、变差。

红葡萄酒只有灌装日期，葡萄配制酒保质期5年，即便是过了保质期，酒的变化也是渐变的，也不能绝对地说其就不能饮用了。

有时候我问自己，这世间还有什么东西能永远不变质，永远没有保质期，就像初见般美好呢？

草莓果酱保质期3年，味道有点酸、有点甜，涂在烤面包上当早餐真的好吃。

樱花易逝，但樱花味的汽水有24个月的保质期。

我总觉得"樱花"这个词语很美好，所以看到粉粉嫩嫩的东西，比如樱花味包装的薯片、樱花味的拿铁、樱花味的汽水，都想买！

最喜欢的冰激凌原来有24个月的保质期这么久。就算多囤点，男朋友也不会有意见了。

在货架上居然看到了李子柒品牌的酱料，保质期12个月。

我喜欢瓶瓶罐罐的饮料和混合坚果谷物粒的燕麦片，因为既好看，又好吃。保质期都是9个月。

有了蛋糕和饼干，宅在家的日子就不会太差，赏味期限6个月。

不同地区的火腿片，一个150天，一个75天，整整差了一半时间呢，都买了。

还买了2盒风味酸奶，保质期18天。回去的路上和男朋友一人一盒，结果他喝得快，还要抢我的。

青团包装日期4月1日，保质期至4月3日，只有短短3天，这是专属春天的限定美味。

切开的新鲜水果仅供当日食用，所以我们没有购买，而是选择了可以存放更久的整个水果。

在超市的拐角，我看到一束枯萎的鲜花。

是啊，它们已经过了保质期。

以前总觉得所有东西只要在货架上，必然没有过期，所以从来不关心生产日期与保质期，甚至一度以为除了食物之外，多数东西都不会变质。

现在才发现这世界上只有一样东西不会改变，就是改变本身。

正如那句话：彩云易散，琉璃易脆。

越是美好的东西越容易稍纵即逝。

所有美好的事物都是有限定日期的。

我很喜欢"限定"这个词，限定的季节、限定的商品……

正是因为限定，错过了就不会再有。

正是因为限定，我们才要更加珍惜。

正是因为好看的容颜、特别的物件和一时冲动的占有最容易过期，所以请在保质期内使用或欣赏。

从超市回家的路上，我对男朋友说："你知道吗？我对你的喜欢比樱花汽水还美好，比今晚的月亮还要明亮，所以你要小心它的保质期会非常非常短哦！"

"有多短呢？"

"短到只要你一不要我了，它就马上过了保质期，会被我随手丢进垃圾桶。"

我想给你写封信

◆
○

在书店虚度的下午，碰巧撞见了这本号称爱书人的圣经——《查令十字街84号》。

书其实挺薄的，看完后不由心生些许感慨。

书中未曾谋面的两个人，隔着遥遥无边的太平洋，相互写信、寄信、赠书。直到二十年后一方才得知另一方早已谵然离世，说好的英伦之旅，也终究没有付诸实现的机会。

虽然全书都是双方往来信件，但从字里行间似乎更能感受到人与人之间难能可贵的纯粹情感。

是友谊，但又让人感觉不只是友谊，还有那种历经漫长岁月通过笔尖得来的惺惺相惜的感觉。

当然，感慨之余也不由心生艳羡之情，真的很喜欢这种柏拉图式的爱情。

不知道你们喜不喜欢写信?

尽管我都二十多岁了,可还是觉得写信、寄信、收信是一件很浪漫、有情怀的事。

而且手写的信件对我来说,是最饱含爱意的东西。

记得在我十七八岁时,曾意外地发现了我爸妈年轻时的通信。

根本没想到原来我爸以前也有颗浪漫的心!

还听我妈说以前寄信大概要一个星期才能收到,所以她每次寄出信都满心期待地算着收信的日子。

从这里到那里,迢迢千里,翘首以盼,好像写进信里的时光也变得温柔了。

所以上高中那会儿我就特别喜欢给人写信。总是在上副课的时候偷偷写,一封信的成本相当于一顿早餐了,不过能让收到信的人开心、感动,还是挺美好的事情。

收信的过程总是非常期待,时不时就去学校门卫室看看。

每次去门卫室取信,都会被保安大叔夸奖一番,说我是我们学校最文艺的女孩子。

真的,不骗你们,能够获此殊荣我表示很荣幸。

现在呢,想起来那些信,还是觉得好感动,可以静下心来和远方的人说说心里话,不是各种社交软件可以替代的。

作为一个依赖文字超过图像、声音、触感总和的人,除了懒惰,没有什么能够阻止我写信。

写信时候咬着笔尾斟酌字句，或者随意地记录一刻心情，见字如面，把心里想的画面转化为文字，是艺术家的天赋。

只是现在很少有人写信了，路边都不见邮筒了，太可惜了。

你看，这个快餐时代，大家都选择了更快、更容易的关系。

但我喜欢春夏说的："写信固然是很难的，比打电话、发信息都更要求端正的态度。但我想它也是轻松的，不存在无意义的交流，也不存在被浪费掉的时间和感情。"

这是春夏在《写信告诉我》这个节目里，回给陈粒信中的一段话。

这意外地把我喜欢的两个人联系在了一起，也意外她们俩竟然也是至今未见过面的网友。

听了她们的信就很想哭，这种互相写信的感觉太好了，就像我很爱《查令十字街84号》这本书一样。

陈粒写信给春夏说："拒绝使人快乐。"

春夏给她的网友土粒写："我自恋的觉得，万物都爱我，也都恨我不争气。"

之前我听了许多遍都不太能感受这句话，觉得哪有那么多人爱我。

今天早上，继"给行李箱套塑料袋导致行李箱长毛""给毛绒玩具套塑料袋导致玩具被误扔"等一系列风波后。

我妈认真地给每一盆花都套上了大小不一的透明塑料袋，大概是一种促进光合作用的方法。

以前我还总是害怕有一天起床自己也被套上，现在我发现这其实是我妈表达爱的一种方式，对我也是对万事万物的一种爱的方式。

所以我突然理解了那句话："我们感觉不到爱，或许只是我们不懂别人爱我们的方式。"

在这个发个微信、打个电话就能了解别人大部分生活的时代，在这个连求婚都可以用微信和QQ的时代，一切开始变得不再需要仪式感，表达爱的方式也变得好像不那么重要。

所以在这个时代里，还愿意给你写信的人，退一步说发给你的微信是不敷衍的人，你一定要懂对方是爱你的。

春夏在信里面说："你要体谅我的胡言乱语，要知道，给你写信并不轻松，但我想不轻松是好的，起码是种尊重。"

说得真好，爱的基础就是互相尊重啊。

写字很累，但我喜欢信里的一字一句，温柔坚固。

从前慢，车马、邮件都很慢，但一生还有一个值得你花费时间写信、回信和盯着邮箱等待远方来信的人，那得多美好啊！

这几年我变懒了许多，但还是庆幸保持了用文字交流的习惯。虽然扔邮筒的方式真心不靠谱，十封信寄出去只有五封能被收到。

不过生活还是需要仪式感的，比如睡觉、旅行、看书、写信，有时候约会也是。

卢思浩说："如果有人这么问你，为什么还要看纸质书，为什么还去写信，为什么还要不远万里去见一个人。你告诉他，因为你偏要在这薄情世界里深情地活。如果你实在无人可写，就给我写封信吧，把你的世界写信告诉我。晚安。"

外面在下大雨，而我要走到这雨里去。

二十岁之后，时间就开始加速

转眼间还有两个月又要过年了。

时间真是过得太快，以前有人跟我说20岁以后觉得自己什么都没准备好，就已经到30岁了，像是被安了加速器一样。

当时我还没什么感觉，现在想想还真的是。我完全不知道20岁到现在中间这几年是怎么过来的。

记得小时候在奶奶家过秋天时养成了一个习惯，一遇到多云有风的天气便搬个小板凳坐在老房子的天井里抬头看天。

看着云在青空中舒卷自如，没有风的时候它沉凝欲堕，有风的时候又像木牛流马，一刻不停地在赶路。

就这样抬头望天，我就能望整整一个下午。

直到天空变成了小学课本里说的"夕阳给云朵镶了金边"，才肯拖着小板凳回家。

现在这个习惯还留着，只不过天不再是小时候那么蓝，颈椎也禁不住昂头一下午了。

所幸这几天的南京秋高气爽，天空偶然间干净得令人心醉，吃完饭小憩可以和萱萱一起抬头看天了。

看了一会她开始感叹："唉，又要去工作了，怎么感觉越长大时间过得越快呢？"

这晴空真是越看越舍不得。

是啊，好像过了某个特定的年龄，时间这个计量单位就像是坐上了过山车一样向前冲。

2020年明明才刚开始，转眼间已经过了四分之三。

这种感觉太不可思议了，记得上半年签日期还经常错写成2019年，好不容易改了习惯写成2020，2021年却又要到了，我改习惯的速度竟然远远赶不上时间的脚步。

明明一天都是24小时，一分一秒都不会有误差。

为什么20岁之前的时光感觉冗长又难熬，度日如年，过了20岁，日子就像是打开了2.0倍速的电影，变得飞速消逝呢？

比起格林威治标准时，我们自己的"内部时钟"或许才是更合理的时间度量单位。从出生到上学前，日子是一天一天过，每天都想着玩不重复的东西，一年拆成了365天，时间就好像用不完一样；入学了，日子被拆成了七天：周一到周五不断重复，每周就盼着过周末；再后来，日子被分为一个学期，听着就开始心慌，一个学期过了好像什么都没学到一样；毕业后工作，日子已经开始用年计算了，到了做年终总结的时候才一个激灵："我记得才刚做过去年的总结啊。"

10岁到20岁的这十年，是如假包换的十年，但20岁到30岁的这十年，却让人感觉缩减了很多时间。

于是跑去查资料，甚至想搞懂"相对论"，来证明长大后的时间是不是越跑越快，抑或仅仅是我们的错觉。

心理学家说："人在吸取新信息多时，会觉得时间变慢。反之，人在休闲无聊时，时间会变快。"

也就是说，"时间"和你接收了多少信息有关——新信息能够延长时间。

孩提时代的早9点到下午3点半就像成人的20个小时。

小时候万千世界对我们来说都是新奇的，每天经历很多新事物，时间过得慢，但是随着年龄增长，经历的新事物变少，信息延长时间的效果就会变弱。

在"日复一日，年复一年"的无聊中，时间就越来越快。

这样想来，那些看起来像心灵鸡汤一样"好听且无用"的话，比如"打破常规、确保生活充满新鲜感；去新的地方旅行，花更多时间感受当下"……也许并不像表面那样华而不实。

不停地创造激动人心的回忆，在人生中树立无数的里程碑：小到读一本新的小说，听新的音乐，养一种难以成活的植物；大到下决心去读一个博士学位，在陌生的城市工作3年，写一本书，都可以延长我们的感知时间。

总之，多经历，时间便可以像小时候那样又渐渐慢下来。

但即便是知道了这些大道理、小知识，有时候却也无法一一落实。

不过，这种越长大时间过得越快的感觉也没什么不好的。过快了，便珍惜当下；过慢了，就更要认真体会。

无人与我立黄昏

如果有人给你发晚霞的照片，不要回复"好看"，你要说"我也想你了"。

回家的路上，我在一个短视频里看到了这段内容。

视频里的画面是很美的黄昏，太阳躲在群山的剪影里，橘色的晚霞在聚集，被风送往远方。

于是，我的脑海里出现无数个这样的傍晚。

我是很喜欢看黄昏的。晚风带着暖意扑在臂膀的汗毛上，一抬头，晚霞倒映在眼眶里，接着心被温柔的裹在其中，变得蓬松、柔软……

很多人喜欢日出，觉得那初生的太阳象征着希望，我却对黄昏情有独钟，觉得它是一种很治愈的存在。

不同于春花、秋叶或者冬雪这些转瞬即逝的景物，四季里的任何一天，你都可以对日落怀有期待。只要天色尚可，就可以在城市中的任何一个角落，等一场日落黄昏。

从斜阳晚照开始，一直到天边仅剩最后一缕余光。在如同电影般的时长里，尽可以坐在一处，静静地、慢慢地看夕阳明灭。

最喜欢夏天的雨后黄昏，漫步在林荫下的小路上，感受着温柔的风从脸颊拂过，眺望夕阳染红天边的云朵。

手机里播放着喜欢的音乐，一天的烦恼就这样荡然无存，整个人轻盈得想要踮起脚尖。

小时候，我在乡下住过一段时间。

每日黄昏时分，我总喜欢骑着自行车绕村子一圈。

骑车在黄昏中穿行是一件很惬意又很诗意的事。

穿过矮矮的房屋，眼前是一大片开阔的农田。整片天空的黄昏，好像都是我一个人的。

天气虽然炎热，但向前的冲力会划出一条清凉的溪流，供人在其间悠游。

路过茂盛的树林，声声蝉鸣能让人体会到一种深渊般的静寂。

绵长的霞光折射着蔷薇色的光芒，我从村子这头骑到那头，接受对白日时光那浪漫而热情的告别。

晚些时候，月亮在树影中穿梭，而我在陆地上穿行。

星星会一路跟着我回家，最后枕在屋檐上眨眼睛……

如今回想起来，记忆里的快乐童年，似乎都带着黄昏的明亮颜色。

长大以后，我很少拥有一整片黄昏，不过我想了一个办法，就是让黄昏住进我家。

刚毕业时，我租住在城南一座旧式的民居里。房间很小，但窗户朝西，每天黄昏时分，我就会玩一场日光追逐游戏。

落日的光线在房间里游走，先是在窗帘上泛起红晕，然后在墙面上留下斑驳光影，最后一点点消退在门缝中……

我静静地看着，好似见证一场绚丽的落幕仪式，宣告着一天的结束。

电影《爱在日落黄昏时》有一句台词："年轻的时候，你以为你会和许多人心灵相通，但是后来你发现，这样的事情，一辈子只会发生那么几次。"

多年前第一次看这部电影，并不能理解其中的内涵。

直到后来我遇见他，看见了最美的一场黄昏，才明白一期一会的意义。

大三那年，我和当时的男朋友一起去厦门，住在沙坡尾的一家民宿里。

在沙坡尾避风坞内，距离那家民宿不远的地方，开有一间小茶馆，名叫"一茶"。

一茶门前有片海，岸边渔船一字排开，渔民结网而居，随潮起潮落，进出避风坞内外。

黄昏时落日在西边沉落，这个位置可以看到最美的夕阳。

那天下午，我们骑着单车从环岛路回来，路过一茶，决定进去坐一会儿。

店里没什么人，背景音乐放着很轻声的《秘密后院》。我们找了一个靠近门口的桌子坐下来，视线正好可以看见外面的海。

那时的我很喜欢他，落日的余晖照进他黑色的眼眸里，闪烁着点点星光。就像那天的夕阳一样，带着一抹明媚的温柔，一点也不刺眼。

当时的我，单纯地以为自己会和他在以后看很多次黄昏，心里对未来充满美好的期待，却没有想到那是我们唯一一次认真看黄昏。

回来后不久，我们便分手了。

两年后我又去了一趟厦门，一个人来到一茶所在的地方，却发现茶馆已经不复存在。

听附近的渔民说，因为沙坡尾清淤，很多小店都关掉了。

依然是黄昏下的沙坡尾，我沿着斜坡一路走着，看到旁边墙壁上的丰子恺的画。

"人散后，一弯新月如钩"，两行小字已经被竹椅的椅背磨得模糊了。

盛夏时节，三角梅爬满了墙角，野野地开着。

远处海边，一轮红日正缓缓落入海里。

我突然觉得有点难过，想起小王子说过的，人悲伤的时候，就喜欢看日落。

那么到底是人在悲伤的时候喜欢看日落，还是看日落让人悲伤呢，我说不清楚。

但我知道曾在一天看四十四次日落的小王子，他当时应该很难过吧。

不过这并不是最让人难过的，最难过的是，有时候你想把看到的很美的黄昏分享给另一个人，却发现一切都是那么不合时宜。于是默默关掉对话框，一个人安静地看着天边。

日落时分，世间的一切都行色匆匆，转瞬即逝。

就像时间，从来没等过谁，无论你怎么躲藏，都逃不掉。

记得《悟空传》里，今何在写到悟空喜欢在黄昏时望向晚霞。

余晖穿透云朵，紫霞漫天。

很美吗？美。想念那个人吗？好想好想。

晓看天色暮看云，无人与我立黄昏。

行也思君，坐也思君。

一人食

早晨边听歌边做早餐是我一天中最浪漫的时刻。

今早起床，我哼着小曲儿给自己做了一份配料很足的三明治。

看着那好几厘米厚度的配料和绚丽的颜色，再配上一杯森林莓果麦片，我仿佛拥有了无与伦比的幸福感。

一个认真做饭给自己吃的人一定值得去爱。

想到这，我忍不住拍了张早餐的照片秀给男朋友。

瞧，你的女孩多棒。

前几天在粉丝群里看到几个女生在分享自己做的食物的照片。

然后有人总结说，这个星球上最美好的事就是"吃"。

你看，一个小小的哈密瓜，还能玩出可爱的花样，谁看了都会喜欢。

就连一顿简单的面条，也做得极其丰富。

蘸上美味的酱料，添上就快流油的鸭蛋，再配上几颗草莓……能够这样精心准备晚饭的人一定很热爱生活。

其实我自己也很享受与食物打交道的日子。

去菜市场和热情的摊主唠嗑，在网上买各式各样好看的餐具，每周更换饭桌上的鲜花……甚至是感受砧板上"啪嗒啪嗒"的律动，听见油锅"滋啦"的声音，一个人享受烘焙带来的平静心情，这些都让我觉得特别幸福。

所谓一人食，大概就是这样吧。

就算厨艺笨拙，工具简单，我也不愿意敷衍自己。

每次踏进菜市场，再糟糕的心情也会立马好起来。

在各个摊位间穿来穿去，听这个摊主吆喝自家新鲜的菜品，看那边摊主熟练地挑拣、上秤……

人声鼎沸的菜市场，竟然抚慰着我心里最敏感的地方。

五颜六色的食物仿佛在告诉我："放轻松啊，就算只是看一下我也好。"

去逛菜市场，去看我喜欢的食物原本的样子，去看生活热热闹闹的模样，然后双手拎着满满当当的几袋东西回家。一个人的生活也可以很充实。

买一束花，挑上最喜欢的那枝，插在最近才喝完的酒瓶里，然后将剩下的花束做成干花。

也许，日子就像被我放在帆布包里的鲜花。有的平淡至风干，有的便像酒瓶里的那枝，艳丽过一阵子。

那些悄悄垂败下去的日子，组成了生活。

即使是令人烦躁的暴雨天，背着鲜花走在路上便能收获一份好心情。

吃饭的时候，有花陪伴，再平淡的日子也能被点缀出色彩。

记得刚学做饭的时候，向妈妈请教。

她在电话里念叨："做饭不难，就是怕你嫌备菜麻烦。"

事实上，我倒没有觉得备菜麻烦过。

将食材洗净，然后一一放置在砧板上。

左手按着食材，右手握着刀把麻利地切下。听着"哒哒哒"的声音，就觉得很舒服。

原本困扰着我的烦心事在一瞬间消失不见，仿佛全世界只剩下一件事：专心地做一顿饭。

想起儿时搬个小板凳坐在妈妈身边，听她的话语声与案板上的切菜声交错。

有时厌恶自己成为大人，认为自己失去了最纯粹的快乐。更多的时候，我发觉好像成为大人也没那么糟糕。

下次切菜的时候希望妈妈可以在身旁，听她唠唠家常。

终于要下锅了。看着葱、蒜、辣椒在油锅里跳舞，噼里啪啦的，像是给生活伴奏。

等待食物熟透的心情就像是期待一件事的完成。

《饮食男女》里的朱老爷子说："人生不能像做菜，把所有菜准备好了才下锅。"

我也时常为此感到遗憾。可是转念一想，人生就像做菜。有时候可以达到预期的味道，有时候可能差了那么一点点，有时候却又能超出预期。

有滋有味、有期待、有缺憾、有弥补才是人生。

即使是品质不太好的草莓，熬成草莓酱也能变得很可口。

有人说，人生往往平凡如一碗白饭般令人觉得乏味。但只要在上面加一点点料，便足够此生回味。

对待吃饭的态度其实就像是对待人生的态度，或精致，或粗糙。有的人为了赶时间而点一份外卖，用"解决"这个词来对待吃饭；有的人做一顿深夜泡面，什么丰富的料都想加进去。

据说，吃顿好的，人生观都会改变。

同样，认真为自己做一顿好的，生活也会变得不一样。

"要对自己好一点"的道理已经被说烂了。

我也厌倦了这样的说辞。

工作上的不如意，人际交往中的碰壁，甚至是狂奔后错过的最后一班地铁……

灰心丧气的时候，"要对自己好一点"并不能给我多大慰藉。

倒不如对自己说"好好吃饭"。

好好吃饭，才能好好生活。

煎蘑菇的时机需要恰到好处才能收获鲜美的嫩汁。

很多事情也需要一点时机才能峰回路转。

《小森林》里有句台词："事已至此，先吃饭吧。"

而我更喜欢说，时已至此，先吃饭吧。

开心的时候要大饱口福，不开心的时候也要用食物温暖自己。

胃里满满的，心也会跟着变热。

那些一人食的日子不过是在治愈孤独，培养着给予自己幸福的能力。

早点遇见你就好了

你总是喜欢对我说"要是早点遇见你就好了"。

早点是什么时候呢？是初入职场那几年，遇见那个在格子间素面朝天的我？还是青涩的学生时光，看我的白色长裙被迎面而来的风轻轻掀起？

我一直想一直想，什么时候才是你想要的"早点"。

那天你把自己小时候的照片发给我，我隔着手机惊呼"可爱"。

有多可爱呢？如果我们以后会有个小孩，我希望他像你小时候的模样。

如果我也有很多小时候的照片就好了。我就能像罗晋和唐嫣那样，把小时候的我们通过修图而置身同一张照片里。然后假装我们是青梅竹马，一起到天荒地老。

我想带你去我的小时候，一起走遍所有没有你的日子。我会带你去放风筝，因为哥哥去上学后我的风筝就飞不起来了。

我只好将风筝线绑在那辆带俩小轮的自行车上，一边骑车一边扭头看它飞翔。

如果你也在，我们就可以一起放风筝，让它飞得又高又远。

我们还可以一起去河边过家家，你贴着我耳朵说不要让别的小朋友知道。

我默默祈求不要长大，这样就可以永远做你的新娘。

我会带你去后山摘树上的梨，那是我爷爷种的，虽然我从来都没见过他。

我们尝到第一口甘甜时一定会开始感谢他，想念他。

我会带你去河里摸虾、捉鱼，教你怎么捡螺蛳，看河水流淌过你的双脚。

河水很清澈，能看见我的倒影，就像在看你的眼睛。

我会央求妈妈也给你做一件毛线背心，最好跟我的是一样的颜色、一样的花纹。

我要和你一起坐在家门口帮妈妈把长长的毛线卷成球。

我曾养过一只大白狗，它陪伴了我五岁到八岁。

它喜欢陪我在夕阳里吃饭，啃我扔给它的骨头。

你可不可以帮我顺一顺它脏兮兮的毛，摸摸它的头。

这样它就能知道你出现在我的生命里了。

　　春天的时候，油菜花开满山坡，我想追着你的影子奔跑，去捉永远捉不到的蝴蝶。

　　夏天的时候，蝉在窗外不停地叫，我拿着零花钱买到最后一袋"七个小矮人"雪糕，给你四个，我吃三个。

　　秋天的时候，树叶都黄了，我们就去捡银杏树的叶子，你要做成蝴蝶标本哄我开心。

　　冬天的时候，南方也会下雪，虽然没有北方那么厚，但如果你想，我们就可以在雪地里打滚。

　　我还要带你去捉萤火虫，越多越好，然后放在玻璃瓶里当它是夜晚的星星。

　　如果它是星星，我就是月亮。

　　你从小就知道月亮会一直跟着你走。

　　和其他小朋友玩石头剪刀布，你要站在我身边，这样跺脚的时候我就拥有了双倍的气势。当然，我也会在你弯腰打方块的时候为你加油，夸你好厉害。

　　同桌画完课桌上的三八线，我就去问你愿不愿意和我坐在一起。

　　我哭着跟你说其他同学喊我是丑八怪，你一定会用衣袖给我擦干眼泪，替我出头。

　　你会带我探索一片草丛、一栋旧楼……你会佩戴一根木棍，做我的骑士。

我想用圆珠笔在你手腕上画一个表，时间定格在五点十七分，因为再过十三分钟你就得回家吃饭了。

不愿同你告别，就像现在每次你返程要进车站前，我都舍不得你走。

我会缠着你在某个周六的下午看CCTV6的译制片，我们谈论剧情和爱情，就像民科谈论量子力学。

我想去你家门口等你，兜里会揣着你爱的喔喔奶糖。你回家后，我们在院子里跳恰恰舞，跟着复读机一起蹦擦擦。掰下棒棒冰的一半给你，跷跷板的另一头给你，就连粉笔在地上画下爱心的另一半也给你。

我会带你去吃爸爸做的红烧鱼以及妈妈拿手的粉蒸肉，还要偷吃外婆放在饼干盒里的糖。

我把掉落的牙齿往高高的楼顶抛去，然后跑开。我咧着嘴说真好玩，你笑我没几颗牙，我吵着、闹着要打你，就像现在一样。我知道就算你会笑我，也会觉我是最好看的。

要是早点遇见你就好了。我们就能读同一所幼儿园、小学、中学、大学。

你的每本同学录留言上，我都要和你扭扭捏捏地写下"再见"。

我要做第一个给你写情书的人，第一个说"我爱你"的人。

牵你手时要笑话你黏稠的手心，相拥时好好听一听的你的心跳。

我的小时候没有手机、没有网络、没有你。

等到你第一次说爱我后，我会给你看我写的日记和抄的诗。

那首诗很长很长，最想给你看的是最后一节：

我想带你去我的小时候

真的

和你的纯净相比

那是我唯一拿得出手的东西

内 容 提 要

本书是百万粉丝公众号"原来是柒公子"的首部文集，通过温暖治愈的笔触，讲述了年轻人在成长过程中不必刻意模仿谁，更不必非要成为谁，而要坚持个性鲜活的自我，以自己喜欢的样子去生活。我们的某些个性、特征、行为、想法等，也许会被世俗贴上"奇奇怪怪"的标签，但保持本真才更能彰显独特的魅力，从而得到别人的欣赏。

图书在版编目（ＣＩＰ）数据

总有人喜欢你的奇奇怪怪 / 原来是柒公子著. -- 北京 ： 中国水利水电出版社，2021.7
ISBN 978-7-5170-9661-0

Ⅰ．①总… Ⅱ．①原… Ⅲ．①成功心理－通俗读物
Ⅳ．①B848.4-49

中国版本图书馆CIP数据核字(2021)第123572号

书　　名	总有人喜欢你的奇奇怪怪
	ZONG YOU REN XIHUAN NI DE QIQI-GUAIGUAI
作　　者	原来是柒公子　著
出版发行	中国水利水电出版社
	（北京市海淀区玉渊潭南路1号D座　100038）
	网址：www.waterpub.com.cn
	E-mail：sales@waterpub.com.cn
	电话：（010）68367658（营销中心）
经　　售	北京科水图书销售中心（零售）
	电话：（010）88383994、63202643、68545874
	全国各地新华书店和相关出版物销售网点
排　　版	北京水利万物传媒有限公司
印　　刷	唐山楠萍印务有限公司
规　　格	146mm×210mm　32开本　10印张　233千字
版　　次	2021年7月第1版　2021年7月第1次印刷
定　　价	49.80元

凡购买我社图书，如有缺页、倒页、脱页的，本社发行部负责调换